国家自然资源科技创新评估系列报告

自然资源科技创新指数试评估报告 2021

刘大海　王春娟　著

U0320702

科学出版社

北　京

内 容 简 介

本书以自然资源科技创新数据为基础，从投入产出角度建立了一套科学合理的国家自然资源科技创新评价体系，构建了自然资源科技创新指数指标体系，客观评价了我国自然资源科技创新布局与现状，定量评估了区域自然资源科技创新能力，探讨了我国自然资源领域国民经济行业和国家自然科学基金项目反映出的创新现状，开展了长江经济带、黄河生态带和沿海地区自然资源科技创新研究，分析了美国自然资源管理政策导向和战略计划调整。

本书既适用于自然资源领域的专业科技工作者和高校师生，又是自然资源管理和决策部门的重要参考资料，并可为全社会认识和了解我国自然资源科技创新发展提供基础依据与窗口服务。

审图号：GS（2022）583 号

图书在版编目（CIP）数据

自然资源科技创新指数试评估报告 . 2021 / 刘大海，王春娟著 . —北京：科学出版社，2022.3
ISBN 978-7-03-071561-6

Ⅰ.①自⋯ Ⅱ.①刘⋯②王⋯ Ⅲ.①自然资源－技术革新－评估－研究报告－中国－2021 Ⅳ.① X37

中国版本图书馆 CIP 数据核字（2022）第 029939 号

责任编辑：朱 瑾 习慧丽 / 责任校对：郑金红
责任印制：吴兆东 / 封面设计：无极书装

科 学 出 版 社 出版
北京东黄城根北街 16 号
邮政编码：100717
http://www.sciencep.com

北京建宏印刷有限公司 印刷
科学出版社发行 各地新华书店经销
*

2022 年 3 月第 一 版 开本：889×1194 1/16
2022 年 3 月第一次印刷 印张：8 1/2
字数：276 000

定价：158.00 元
（如有印装质量问题，我社负责调换）

《自然资源科技创新指数试评估报告2021》学术委员会

主　　任：李铁刚

副 主 任：高学民　魏泽勋　杨　峥　徐兴永　刘豆豆

著　　者：刘大海　王春娟

编 写 组：刘大海　王春娟　于　莹　段晓峰　江　波

　　　　　王玺媛　王玺茜　赵　倩　王　琦　张华伟

　　　　　单海燕　孙开心　华玉婷　邢文秀　李彦平

　　　　　赵　锐　张潇娴　李先杰　王　琰　李鸿飞

　　　　　李晓璇　李成龙

测 算 组：王春娟　王玺媛　王　琦　王玺茜　李鸿飞

　　　　　赵　倩　孙开心　华玉婷　单海燕　张华伟

前　　言

创新驱动发展已经成为我国的国家发展战略，国家高度重视科学技术发展，把创新作为引领发展的第一动力，大力实施创新驱动发展战略，推动基础研究、应用研究和技术创新一体化布局，着力构建良好的法律政策文化制度环境，建设高效、顺畅的国家创新体系。《全球创新指数2021》对全球132个经济体的综合创新能力进行了系统衡量，结果显示，中国创新能力综合排名第12位，较2020年上升2位，位居中等收入经济体首位。加快科技创新是推动高质量发展的需要，是实现人民高品质生活的需要，是构建新发展格局的需要，是顺利开启全面建设社会主义现代化国家新征程的需要。自然资源科技创新是建设创新型国家的关键领域，也是国家创新体系的重要组成部分。自然资源科技创新取得突破，将对中国特色创新型国家建设和中国国际竞争力提升具有深远意义。

2018年3月，我国组建自然资源部。2018年10月，自然资源部印发《自然资源科技创新发展规划纲要》（以下简称《规划纲要》）。为促进自然资源科技创新发展，《规划纲要》分别从不同层次、不同方面对自然资源科技创新进行了部署安排，自然资源科技创新发展评价是《规划纲要》的重要工作内容。为响应国家创新战略、推动自然资源科技创新融入国家创新体系，本书于2018年6月着手开展自然资源科技创新发展评价工作，并同时启动自然资源科技创新指数研究工作。

"国家自然资源科技创新评估系列报告"是自然资源科技创新发展评价工作的重要成果之一，是结合国家层面、区域层面和领域层面进行比较分析的创新能力评价报告。《自然资源科技创新指数试评估报告2021》是该系列报告的第三本，根据国家自然资源科技创新发展的评价需求，建立综合指数—分指数—指标的层次结构，采用综合创新指数衡量我国及区域自然资源科技创新能力，构建以创新资源、创新环境、创新绩效、知识创造4个维度为基础的分指数和由20个指标共同组成的层次分明的指标体系，基于经济统计、科技统计和科技成果登记等权威数据，运用2018年和2019年相关数据，定量测算我国区域自然资源科技创新能力，针对自然资源领域和国民经济行业科技创新进行专题分析。同时，开展三大创新带——长江经济带、黄河生态带和沿海地区的科技创新指数测算与创新能力专题分析，从不同视域范围切实反映我国自然资源科技创新的整体布局、重点领域与学科方向。

《自然资源科技创新指数试评估报告2021》编写组包括自然资源部第一海洋研究所和国家海洋信息中心等单位的部分研究人员，科学技术部战略规划司、中国科学技术发展战略研究院和教育部教育管理信息中心对本书的编写给予了大力支持。在此对参与编写和提供数据与技术支持的单位及个人，一并表示感谢。

希望"国家自然资源科技创新评估系列报告"能够成为全社会认识和了解我国自然资源科技创新发展的窗口。本报告是自然资源科技创新发展评价研究的阶段性成果，敬请各位同仁批评指正，编写组会汲取宝贵意见，不断完善本系列报告。

刘大海　王春娟

2021年11月

目　　录

第一部分　总　报　告

第三部分　区　域　篇

第四部分　国　际　篇

附　录

第一部分

总 报 告

第一章　国家自然资源科技创新指数评价

国家自然资源科技创新指数是一个综合指数，由创新资源、创新环境、创新绩效和知识创造 4 个分指数构成。考虑到自然资源科技创新活动的全面性和代表性，以及基础数据的可获取性，本报告选取 20 个指标（指标体系见附录一）来评价自然资源科技创新的质量、效率和能力。

2019 年，国家自然资源科技创新指数上升，自然资源科技创新能力有大幅提高。设定我国 2018 年国家自然资源科技创新指数得分为基数 100，则 2019 年国家自然资源科技创新指数得分为 107，2018 ～ 2019 年国家自然资源科技创新指数的增长率为 7%。

2019 年创新资源分指数得分为 110，2018 ～ 2019 年的增长率为 10%，其中"科技人力资源扩展能力"指标呈现明显上升趋势，增长率高达 86%。

2019 年创新环境分指数得分为 104，2018 ～ 2019 年的增长率为 4%，增幅较缓，其中"机构管理水平"指标增长显著，增长率达 25%，反映了自然资源领域研究机构积极营造良好的科技创新环境；而"科学仪器设备占资产的比例"和"高水平科研平台数量"指标有所下降，且拉低了创新环境分指数得分。

2019 年创新绩效分指数得分为 121，2018 ～ 2019 年的增长率为 21%，是拉动自然资源科技创新指数提升的主要因素，其中"科技成果转化收入"指标增幅最为明显，增长率为 72%；而"有效发明专利产出效率"指标大幅下降，表明我国自然资源领域发明专利的科技转化效率有待提升。

2019 年知识创造分指数得分为 94，比 2018 年降低了 6%。知识创造分指数的 4 个指标也呈现下降态势。

第一节　国家自然资源科技创新指数综合评价

一、国家自然资源科技创新指数有所提升

将我国 2018 年的国家自然资源科技创新指数得分定为基数 100，则 2019 年国家自然资源科技创新指数得分为 107（表 1-1），2018 ～ 2019 年国家自然资源科技创新指数的增长率为 7%。

表 1-1　国家自然资源科技创新指数与分指数得分变化

年份	综合指数	分指数			
	国家自然资源科技创新（A）	创新资源（B_1）	创新环境（B_2）	创新绩效（B_3）	知识创造（B_4）
2018	100	100	100	100	100
2019	107	110	104	121	94

二、4 个分指数贡献不一

创新资源、创新环境、创新绩效和知识创造 4 个分指数对国家自然资源科技创新指数的影响各不相同，既有正向贡献又有负向作用（表 1-2，图 1-1），其中创新资源和创新绩效分指数得分均高于国家自然资源科技创新指数得分，而知识创造分指数得分低于国家自然资源科技创新指数得分。创新绩效分指数得分总体上远高于国家自然资源科技创新指数得分，说明创新绩效分指数对国家自

然资源科技创新指数增长有较大的正向贡献，创新环境和创新资源分指数增长幅度相对较缓，知识创造分指数略有下降。

表 1-2　国家自然资源科技创新指数与分指数得分增长率　　　（单位：%）

年份	综合指数	分指数			
	国家自然资源科技创新（A）	创新资源（B_1）	创新环境（B_2）	创新绩效（B_3）	知识创造（B_4）
2018	—	—	—	—	—
2019	7	10	4	21	−6

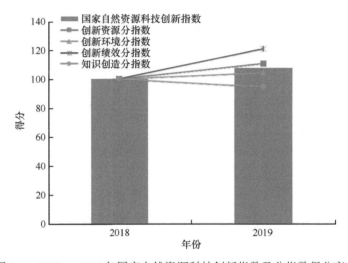

图 1-1　2018 ～ 2019 年国家自然资源科技创新指数及分指数得分变化

2018 ～ 2019 年，创新绩效分指数对自然资源科技创新能力大幅提升的贡献较大，增长率达 21%（图 1-1），表明我国自然资源科技创新转化能力及产出水平有所提升，为科技创新活动的持续开展提供了重要保障。

第二节　国家自然资源科技创新分指数评价

一、创新资源分指数评价

自然资源科技创新资源能够反映一个地区自然资源科技创新活动的投入力度，也是创新活动顺利并持续开展的重要保障。自然资源领域创新型人才资源的供给能力及创新所依赖的基础设施投入水平，是一个区域在该领域持续开展创新活动的基本保障，其创新实力和效率不仅与创新投入总量有关，还取决于创新资源匹配的合理性。研究与发展（research and development，R&D）经费和人员作为重要的创新资源，分别反映了国家或区域对创新活动的支持力度和创新人才资源的储备状况。创新资源分指数选取如下 5 个指标：①研究与发展经费投入强度；②研究与发展人力投入强度；③R&D 人员中博士和硕士学历人员占比；④科技人力资源扩展能力；⑤科技活动经费支出。基于以上指标，分别从资金投入、人力投入等角度对我国自然资源科技创新资源投入和配置能力进行评价。

2019 年，创新资源分指数得分为 110，比 2018 年有明显上升，2018 ～ 2019 年的增长率为

10%，如图 1-2 所示。

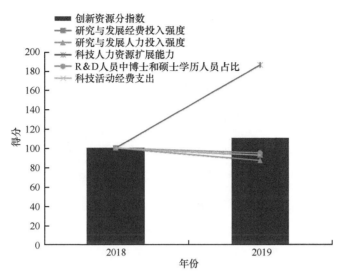

图 1-2　创新资源分指数及其指标得分变化

从创新资源分指数 5 个指标得分的变化来看，创新资源分指数的增长主要依靠"科技人力资源扩展能力"指标，其增长率高达 86%，是拉动创新资源分指数整体上升的主要力量；其余 4 个指标均有小幅下降，且下降幅度相近，"研究与发展人力投入强度"指标下降幅度最大，下降 13%。因此，自然资源科技创新能力提升应注重加强研究与发展经费和人力投入。

二、创新环境分指数评价

自然资源科技创新环境是提升自然资源科技创新能力的重要基础和保障，包括创新过程中的硬环境和软环境。创新环境分指数反映一个国家或区域自然资源科技创新活动所依赖的外部环境，主要是制度创新和环境创新。创新环境分指数选取如下 6 个指标：①科学仪器设备占资产的比例；② R&D 经费中企业资金的占比；③自然资源领域科研机构规模；④自然资源系统 R&D 人员数量；⑤高水平科研平台数量；⑥机构管理水平。

2019 年创新环境分指数得分为 104，比 2018 年略有上升（图 1-3），2018 ～ 2019 年的增长率为 4%，在 3 个呈上升趋势的分指数中增幅较缓。创新环境分指数的 6 个指标中，"自然资源领域科研机构规模"和"机构管理水平"指标增长显著，增长率均达到 25%，是拉动创新环境分指数增长的重要因素，反映了自然资源领域科研机构积极营造良好的科技创新环境；"R&D 经费中企业资金的占比"亦有较大幅度增长，年均增长率为 8%，体现出企业在我国自然资源领域科技创新的强劲活力；"自然资源系统 R&D 人员数量"指标略有增长，年均增长率为 2%；而"科学仪器设备占资产的比例"和"高水平科研平台数量"指标有所下降，且拉低了创新环境分指数得分，因此自然资源科技创新能力提升，需注重改善自然资源科技创新活动所需的硬件设备条件和加强创新平台建设。

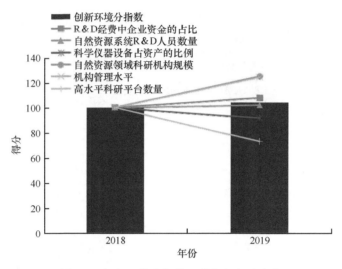

图 1-3　创新环境分指数及其指标得分变化

三、创新绩效分指数评价

自然资源科技创新绩效集中反映一个国家或区域开展自然资源科技创新活动所产生的效果和影响。创新绩效分指数选取如下 4 个指标：①有效发明专利产出效率；②科技成果转化收入；③科技成果转化效率；④技术市场成交额。基于以上指标，测度和评价我国自然资源科技创新活动的产出水平及对经济的贡献。

2019 年创新绩效分指数得分为 121，比 2018 年有较大幅度的提升，2018 ～ 2019 年的增长率为 21%，是国家自然资源科技创新指数增长的主要驱动力。从创新绩效分指数 4 个指标得分的变化趋势（图 1-4）来看，"科技成果转化收入"指标增幅最为明显，增长率为 72%，其次是"科技成果转化效率"指标，增长率是 31%，这两个指标是拉动创新绩效分指数提升的主要力量；而"有效发明专利产出效率"指标下降 25%，表明我国自然资源领域发明专利的科技转化效率有待提升。

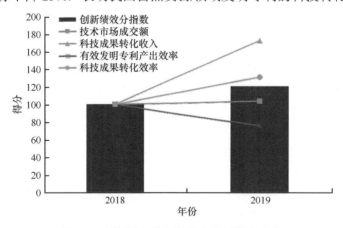

图 1-4　创新绩效分指数及其指标得分变化

四、知识创造分指数评价

自然资源科技创新知识创造是创新活动的直接产出，也是自然资源科技创新能力的直接体现，能够反映一个国家或区域自然资源领域的科研产出能力、知识传播能力和科技整体实力。知识创造分指数选取如下 5 个指标：①专利申请量；②发明专利授权量；③本年科技著作出版量；④科技论文发表量；⑤软件著作权量。基于以上指标，论证我国自然资源领域知识创造的能力和水平，既能反映科技成果产出效应，又能综合体现发明专利、科技论文、科技著作等各种成果产出。

2019 年知识创造分指数得分为 94，较 2018 年出现小幅下降（图 1-5），是 4 个分指数中唯一下降的分指数。知识创造分指数的 5 个指标中，"软件著作权量"指标呈现明显增长态势，增长率为 8%，而"发明专利授权量"和"本年科技著作出版量"指标下降明显，分别下降 13% 和 12%，大幅拉低了知识创造分指数，可见自然资源领域创新产出能力有待提升。

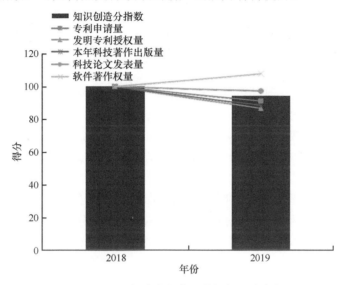

图 1-5　知识创造分指数及其指标得分变化

第二章 我国行政区域自然资源科技创新指数评价

《自然资源科技创新发展规划纲要》聚焦国家创新驱动发展战略和自然资源改革发展重大需求，指出"全面深化自然资源科技体制改革，不断提升自然资源科技创新能力，优化集聚自然资源科技创新资源""加快构建现代化自然资源科技创新体系"。实施自然资源重大科技创新战略，建立自然资源调查监测、国土空间优化管控、生态保护修复技术体系，需要自然资源科技创新的有力支撑。

本章从行政区域角度分析我国自然资源科技创新的发展现状和特点，为我国自然资源科技创新格局的优化提供科技支撑和决策依据。

从自然资源科技创新指数来看，区域分布呈现明显三级梯次态势，2019 年可以将我国排名前二十的省（区、市）分为 3 个梯次：第一梯次为北京、广东、山东和浙江；第二梯次为辽宁、湖北、江苏、福建、天津、四川、上海和重庆；其他为第三梯次。

从自然资源科技创新分指数来看，创新资源分指数的区域分布较为均衡，整体水平较高；创新环境分指数广东和北京依然领先；创新绩效分指数的区域分异性明显，强弱差距较大，科技创新成果转化效率及水平有待进一步增强；知识创造分指数在 15 分处分界明显，优势区域离散分布。

第一节 我国行政区域自然资源科技创新指数综合评价

一、自然资源科技创新指数的区域分布呈现四级明显梯次态势

根据 2019 年自然资源科技创新指数得分，将我国 31 个省（区、市）进行分析，并将其划分为 3 个梯次，前两个梯次如表 2-1 所示。第一梯次是得分超过 40 的北京、广东、山东和浙江；第二梯次分别是辽宁、湖北、江苏、福建、天津、四川、上海和重庆；其他为第三梯次。

表 2-1 2019 年自然资源科技创新指数与分指数得分及创新投入产出比（排名前二十）

省（区、市）	综合指数	分指数				创新投入产出比
	区域自然资源科技创新（a）	创新资源（b_1）	创新环境（b_2）	创新绩效（b_3）	知识创造（b_4）	
北京	66.42	81.33	63.67	39.50	81.18	0.83
广东	58.77	68.46	84.97	21.59	60.05	0.53
山东	41.89	56.01	43.77	24.02	43.77	0.68
浙江	40.88	41.33	30.47	75.74	15.99	1.28
辽宁	27.10	47.58	23.23	18.89	18.69	0.53
湖北	24.98	36.02	29.95	15.57	18.38	0.51
江苏	24.25	38.66	24.51	18.10	15.73	0.54
福建	21.92	27.45	39.29	13.04	7.91	0.31
天津	19.81	38.32	28.56	5.30	7.07	0.18

续表

省（区、市）	综合指数	分指数				创新投入产出比
	区域自然资源科技创新（a）	创新资源（b_1）	创新环境（b_2）	创新绩效（b_3）	知识创造（b_4）	
四川	19.73	24.09	32.32	13.35	9.14	0.40
上海	18.98	46.95	16.31	4.58	8.08	0.20
重庆	16.38	18.57	31.42	7.82	7.72	0.31

二、自然资源科技创新区域差异显著

从自然资源科技创新指数得分的 3 个梯次（图 2-1）来看，2019 年第一梯次前 2 个省（市）（即排名前两位的北京和广东）的自然资源科技创新指数得分分别为 66.42、58.77，分别相当于平均分的 3.39 倍、3.00 倍。从全国范围来看，北京和广东的自然资源科技创新发展具备明显优势，创新能力较强。沿海地区的山东和浙江区域集聚性较强，得分均高于平均分，其自然资源科技创新发展基础较好，具有一定的创新能力，但仍与前 2 个省（市）存在较大差距，其中浙江的创新绩效分指数得分最高，创新产出比也是唯一超过 1 的地区，因此其综合指数的得分较高。第二梯次中，辽宁的自然资源科技创新资源分指数得分较高，湖北依托长江经济带区域协同发展，创新资源和创新环境分指数得分较高，江苏的知识创新分指数得分较低，福建的创新环境分指数得分较高，天津的创新绩效、知识创造分指数及上海的创新环境、创新绩效分指数得分较低，可以看出天津和上海的自然资源科技创新投入产出转化的能力相对较低，二者的创新产出比仅分别为 0.18 和 0.20，这影响了其综合指数的得分，四川、重庆的创新资源分指数得分较低，拉低了其综合指数的得分。

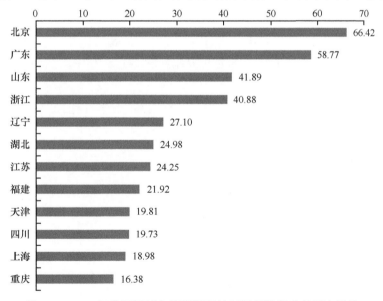

图 2-1　2019 年我国区域自然资源科技创新指数得分前两个梯次

第二节　我国行政区域自然资源科技创新分指数评价

一、创新资源分指数整体水平及区域均衡化程度较高

从创新资源分指数来看，2019 年各省（区、市）得分整体水平较高，区域间均衡化程度也较高，

得分超过所选 20 个省（区、市）平均分的有北京、广东、山东、辽宁、上海、浙江、江苏、天津和湖北（图 2-2）。其中，北京、广东创新资源分指数得分分别为 81.33、68.46，远高于其他省（区、市）得分和平均分（35.39）。北京创新资源分指数得分排在第一位，主要是由于"R&D 人员中博士和硕士学历人员占比"和"科技活动经费支出"两个指标表现突出。广东创新资源分指数得分仅次于北京，位列第二，这主要得益于其较强的科技人力资源扩展能力。山东、辽宁、上海、浙江、江苏、天津、湖北 7 个省（市）的创新资源分指数得分高于平均分，分别为 56.01、47.58、46.95、41.33、38.66、38.32、36.02。

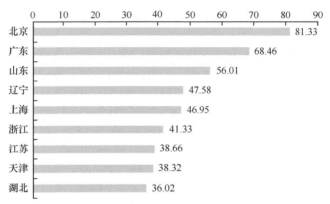

图 2-2　2019 年我国自然资源创新资源分指数得分超过平均分的省（区、市）

二、创新环境分指数广东和北京领先

从创新环境分指数来看，2019 年我国各省（区、市）得分超过平均分（26.99）的为广东、北京、山东、福建、云南、四川、重庆、浙江、湖北和天津（图 2-3）。其中，只有云南在第三梯次中，其他均是第一和第二梯次的省（区、市）。

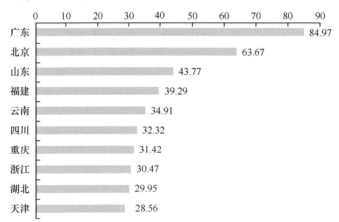

图 2-3　2019 年我国自然资源创新环境分指数得分超过平均分的省（区、市）

2019 年，广东和北京在创新环境方面处于领先地位，得分远超其他省（区、市）。广东创新环境分指数得分为 84.97，远高于平均分（30.92），这主要得益于其"科学仪器设备占资产的比例"、

"R&D 经费中企业资金的占比"、"自然资源领域科研机构规模"及"机构管理水平"4 个指标表现强劲，体现出广东突出的创新资金支持和管理水平。北京创新环境分指数得分为 63.67，这主要得益于其较多的自然资源系统 R&D 人员数量及高水平科研平台数量。

三、创新绩效分指数区域差距较大

从创新绩效分指数来看，2019 年我国各省（区、市）得分超过平均分（11.65）的有浙江、北京、山东、广东、辽宁、江苏、湖北、四川、福建和海南（图 2-4）。其中，只有海南在第三梯次中，其他均是第一和第二梯次的省（区、市）。总体来看，区域分异性明显，排在第一位的浙江表现强劲，而排在后面的地区，多个得分仅为个位数，强弱差距太大，具备一定的梯次顺序。

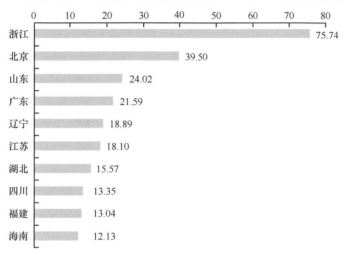

图 2-4　2019 年我国自然资源创新绩效分指数得分超过平均分的省（区、市）

2019 年浙江在创新绩效方面表现突出，远远超过其他省（区、市），其创新绩效分指数得分为 75.74，这主要得益于其突出的有效发明专利产出效率、科技成果转化收入及科技成果转化效率；北京名列其后，创新绩效分指数得分为 39.50，其技术市场成交额远高于其他地区，具有较大优势。

四、知识创造分指数优势区域离散分布

从知识创造分指数来看，2019 年我国各省（区、市）得分超过平均分的有北京、广东、山东、辽宁、湖北、浙江和江苏（图 2-5）。我国各省（区、市）的自然资源知识创造分指数以 15 分为阈值，将各省（区、市）划分为两大类型，超过 15 分的为优势类型，低于 15 分的为劣势类型。优势类型的省（区、市）在全国的分布呈现离散型态势，并未相对集聚，劣势类型地区得分较低，与平均分差距较大，但区域间相对均衡，并未出现级差分化。

北京知识创造分指数表现较为突出，得分为 81.18，这主要得益于突出的本年科技著作出版量、科技论文发表量及软件著作权量。广东知识创造分指数得分为 60.05，这与广东较高的专利申请量和发明专利授权量密不可分。山东知识创造分指数得分为 43.77，其专利和科技论文方面具有较强的实力。

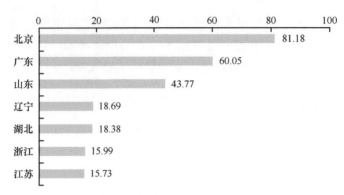

图 2-5 2019 年我国自然资源知识创造分指数得分超过平均分的省（区、市）

第三章　从数据看我国自然资源科技创新

第一节　自然资源科技创新人力资源结构

自然资源科技创新人力资源是建设创新型国家的主导力量和战略资源，科研人员的综合素质决定了自然资源科技创新能力提升的速度和幅度。自然资源科研机构的科技活动人员和 R&D 人员是重要的自然资源创新人力资源，突出反映了一个国家自然资源科技创新人才资源的储备状况。其中，科技活动人员是指自然资源科研机构中从事科技活动的人员，包括科技管理人员、课题活动人员和科技服务人员；R&D 人员是指自然资源科研机构本单位人员及外聘研究人员和在读研究生中参加 R&D 课题的人员、R&D 课题管理人员和为 R&D 活动提供直接服务的人员。

一、科技活动人员量中部呈崛起趋势，沿海地区人员结构优势明显

从科技活动人员量来看，2019 年我国 9 个省（市）高于全国平均水平，分别是北京、广东、四川、山东、贵州、天津、湖北、河北和河南；此外，安徽、云南、湖南、江苏、广西这 5 个省（区）低于全国平均水平，但高于全国平均水平的 90%（图 3-1）。

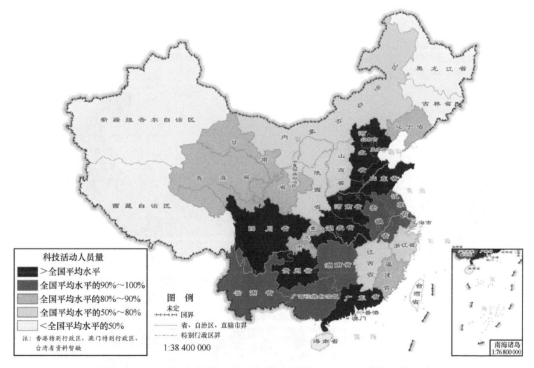

图 3-1　2019 年自然资源科研机构中科技活动人员量的区域分布

从人员学历结构上看，2019 年我国 14 个省（区、市）的自然资源科研机构科技活动人员中博士和硕士学历人员占比高于全国平均水平，分别是北京、辽宁、山东、浙江、江苏、上海、广东、海南、湖北、天津、新疆、吉林、福建、黑龙江，这些省（区、市）科技活动人员中博士和硕士学历人员占比均超过了 39%（图 3-2）。

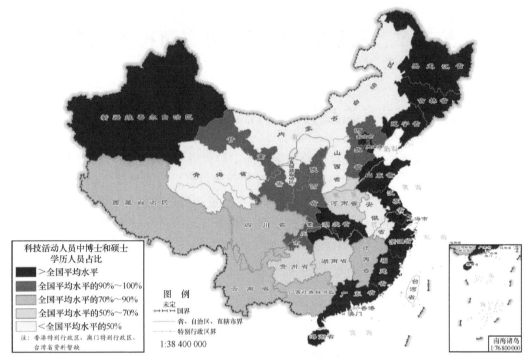

图 3-2　2019 年自然资源科研机构科技活动人员中博士和硕士学历人员占比的区域分布

从人员职称结构上看，2019 年我国 19 个省（区、市）自然资源科研机构科技活动人员中高级职称人员占比高于全国平均水平，分别为北京、辽宁、黑龙江、浙江、山东、云南、新疆、福建、甘肃、上海、安徽、河南、河北、天津、江苏、重庆、吉林、四川和湖北，以上省（区、市）的科技活动人员中高级职称人员占比均高于 68%（图 3-3）。

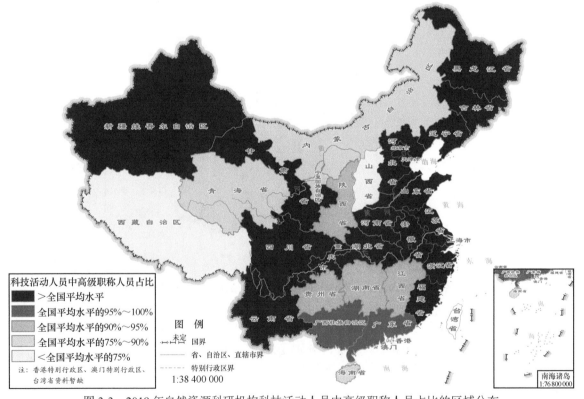

图 3-3　2019 年自然资源科研机构科技活动人员中高级职称人员占比的区域分布

二、R&D 人员总量区域差距明显，西部 R&D 人员占比突出

从我国各省（区、市）自然资源科研机构的 R&D 人员总量来看，2019 年北京、广东、山东、辽宁、湖北、四川排在全国前六位，均高于全国平均水平。河北、福建、湖南、江苏、安徽、云南、重庆、天津、贵州这 9 个省（市）R&D 人员总量低于全国平均水平，但高于全国平均水平的 70%（图 3-4）。

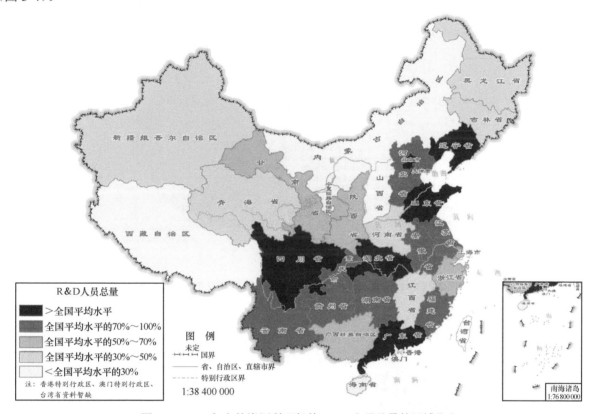

图 3-4　2019 年自然资源科研机构 R&D 人员总量的区域分布

从我国各省（区、市）自然资源科研机构的 R&D 人员折合全时工作量来看，2019 年北京、广东、山东、辽宁、湖北、四川 6 个省（市）依旧排在全国前六名，河北紧随其后，7 个省（市）均高于全国平均水平。此外，江苏、湖南、云南、福建、甘肃、上海、安徽、重庆 8 个省（市）自然资源科研机构的 R&D 人员折合全时工作量低于全国平均水平，但高于全国平均水平的 70%（图 3-5）。

从我国 2019 年各省（区、市）自然资源科研机构 R&D 人员占地区 R&D 人员的比例来看，青海、西藏、新疆、甘肃、海南、北京、宁夏、贵州、辽宁和云南 10 个省（区、市）自然资源科研机构 R&D 人员占地区 R&D 人员的比例高于全国平均水平，从排名可以看出我国西部地区自然资源科研机构的 R&D 人员占比较高，相较于其他地区有明显的区位优势（图 3-6）。

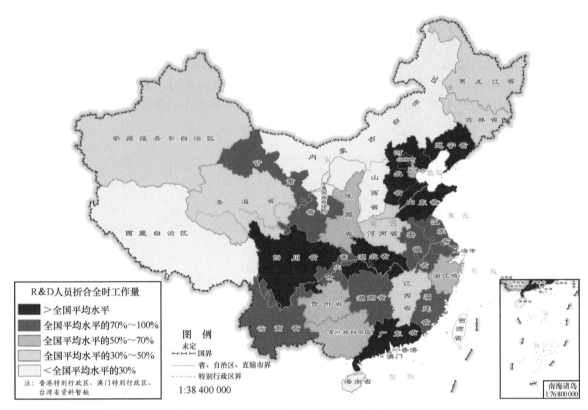

图 3-5 2019 年自然资源科研机构 R&D 人员折合全时工作量的区域分布

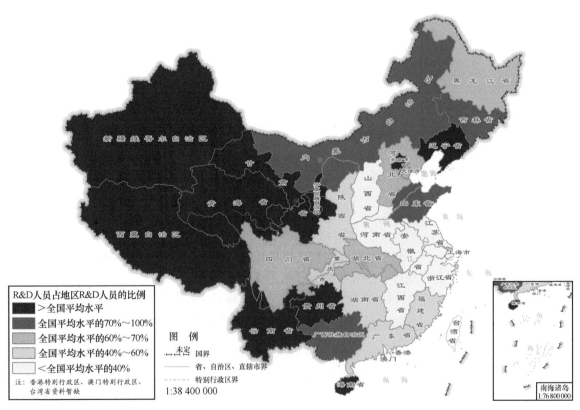

图 3-6 2019 年自然资源科研机构 R&D 人员占地区 R&D 人员的比例的区域分布

三、沿海地区 R&D 人员学历结构优化，西部自然资源领域博士学历人员占比较高

从 R&D 人员学历结构上看，2019 年北京、山东、广东、吉林、湖北、江苏、贵州、浙江 8 个省（市）的 R&D 人员中博士学历人员占比位于全国领先地位，其 R&D 人员中博士学历人员占比均高于全国平均水平 30% 以上（图 3-7）。除上述 8 个省（市）外，新疆、上海、甘肃、辽宁、陕西、福建这 6 个省（区、市）也高于全国平均水平。由此可见，沿海地区 R&D 人员中博士学历人员占比较高，部分中西部地区的 R&D 人员中博士学历人员占比突出，学历结构较为优化。

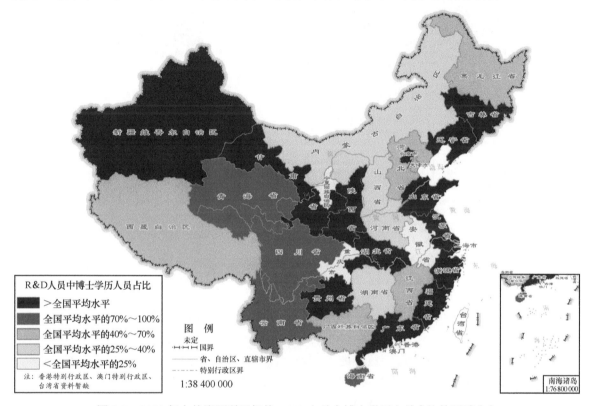

图 3-7　2019 年自然资源科研机构 R&D 人员中博士学历人员占比的区域分布

从自然资源科研机构 R&D 博士学历人员占地区 R&D 博士学历人员的比例来看，2019 年青海、山东、贵州、新疆、广东和北京 6 个省（区、市）的占比均高于 5%，处于全国领先地位（图 3-8）。除了上述 6 个省（区、市）以外，西藏、甘肃、海南、云南和湖北 5 个省（区）的占比也高于全国平均水平。从这一指标可以看出，西部地区的自然资源科研机构 R&D 博士学历人员占比较高。

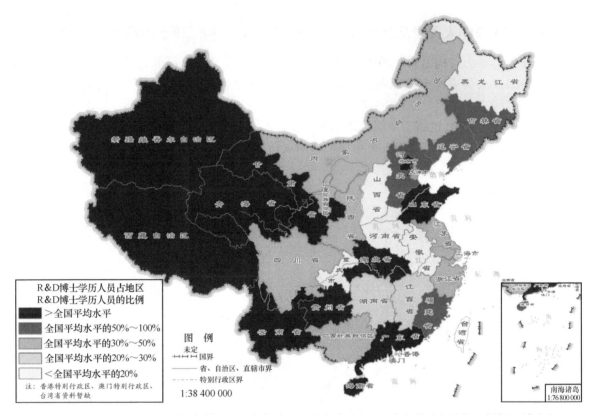

图 3-8　2019 年自然资源科研机构 R&D 博士学历人员占地区 R&D 博士学历人员的比例的区域分布

第二节　自然资源科技创新经费规模

R&D 活动是科技创新活动最为核心的组成部分，不仅是知识创造和自主创新能力的源泉，还是全球化环境下吸纳新知识和新技术的能力基础，更是反映科技经济协调发展和衡量经济增长质量的重要指标。自然资源科研机构的 R&D 经费是重要的自然资源科技创新经费，能够有效反映国家自然资源科技创新活动规模，客观评价国家自然资源科技实力和创新能力。

一、中部地区 R&D 经费投入力度有待加强

从我国自然资源科研机构的 R&D 经费规模来看，2019 年北京、广东、山东、辽宁、上海和湖北 6 个省（市）的经费规模高于全国平均水平，天津、河北、江苏、福建、四川和浙江 6 个省（市）的经费规模为全国平均水平的 60% ～ 100%，甘肃、云南、广西、重庆、湖南、贵州和陕西 7 个省（区、市）的经费规模为全国平均水平的 40% ～ 60%（图 3-9），可见我国中部地区 R&D 经费投入力度有待加强，与沿海地区还有一定差距。

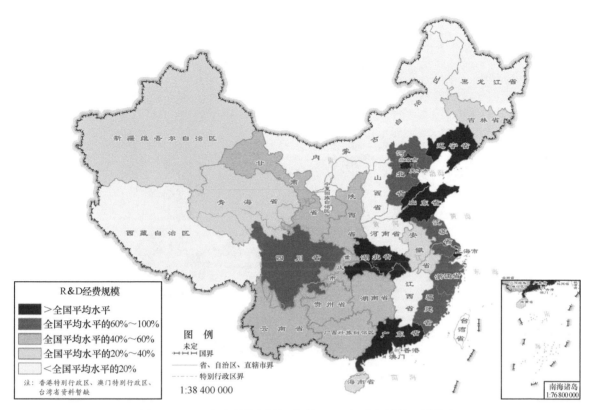

图 3-9　2019 年自然资源科研机构 R&D 经费规模的区域分布

二、R&D 经费内部支出为主导，日常性支出占比较高

R&D 经费内部支出是指当年为进行 R&D 活动而实际用于机构内的全部支出。2019 年，科学研究和技术服务业统计调查报表制度将 R&D 经费内部支出分为日常性支出和资产性支出，其中资产性支出增加了资本化的计算机软件支出、专利和专有技术支出的统计。

R&D 经费日常性支出分为 4 个梯队（图 3-10），第一梯队有北京、上海、辽宁、山东、湖北、广东；第二梯队有河北、江苏、天津、四川、福建、浙江、甘肃、云南；第三梯队有吉林、安徽、陕西、湖南、重庆、贵州、广西、海南、新疆、青海；第四梯队有黑龙江、内蒙古、山西、河南、江西、宁夏、西藏。

R&D 经费资产性支出分为 5 个梯队（图 3-11），第一梯队只有北京，第二梯队与第一梯队相比差了 1 个数量级，第二梯队有辽宁、山东、江苏、上海、浙江、福建、广东、海南、湖北、天津。

从活动类型来看，R&D 经费日常性支出用于基础研究、应用研究和试验发展。从基础研究方面看，2019 年北京、广东、山东、福建、甘肃和湖北 6 个省（市）用于基础研究的 R&D 经费日常性支出高于全国平均水平（图 3-12）。从应用研究方面看，2019 年北京、辽宁、上海、广东、山东、浙江、河北和湖北 8 个省（市）用于应用研究的 R&D 经费日常性支出高于全国平均水平（图 3-13）。从试验发展方面看，2019 年北京、广东、天津、山东、河北、湖北、江苏、广西、湖南、辽宁和浙江 11 个省（区、市）用于试验发展的 R&D 经费日常性支出高于全国平均水平（图 3-14）。

从经费来源来看，2018 年与 2019 年各省（区、市）R&D 经费日常性支出主要来源于政府资金，2018 年全国 R&D 经费日常性支出中的政府资金占比平均约为 87%，2019 年有所下降，约为 85%，这表明企业、事业单位等政府以外的机构发挥了部分资金来源的功能。

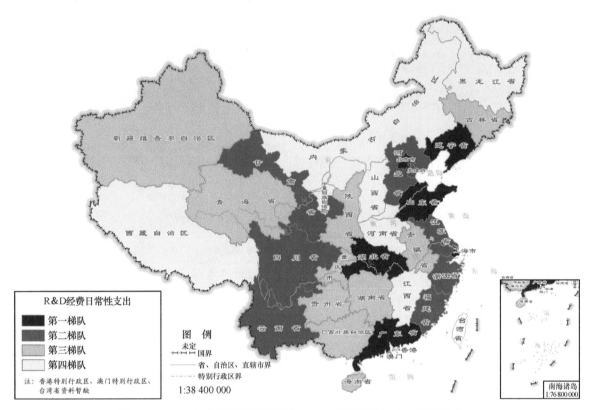

图 3-10 2019 年自然资源科研机构 R&D 经费日常性支出的区域分布

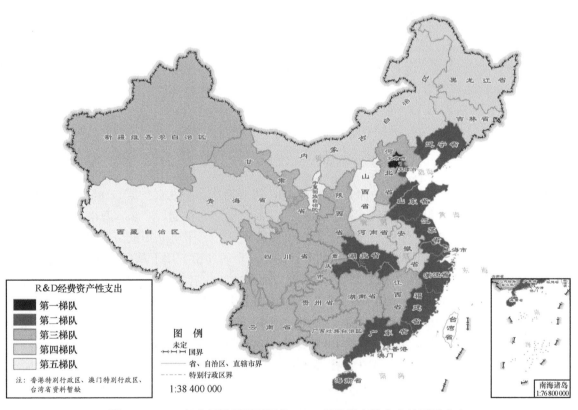

图 3-11 2019 年自然资源科研机构 R&D 经费资产性支出的区域分布

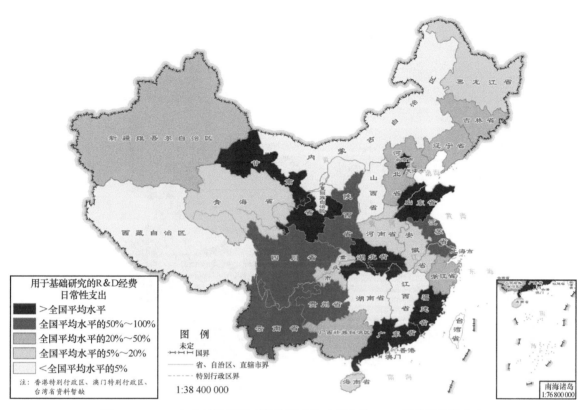

图 3-12　2019 年自然资源科研机构用于基础研究的 R&D 经费日常性支出

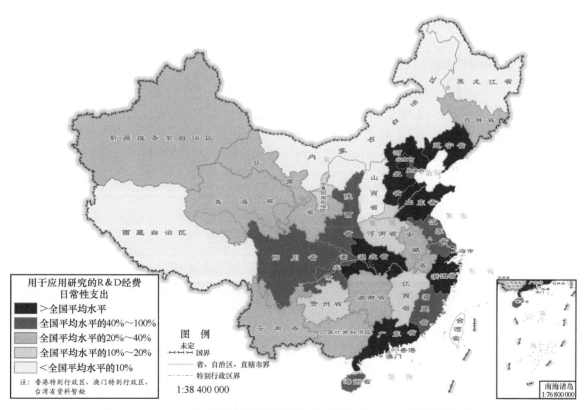

图 3-13　2019 年自然资源科研机构用于应用研究的 R&D 经费日常性支出

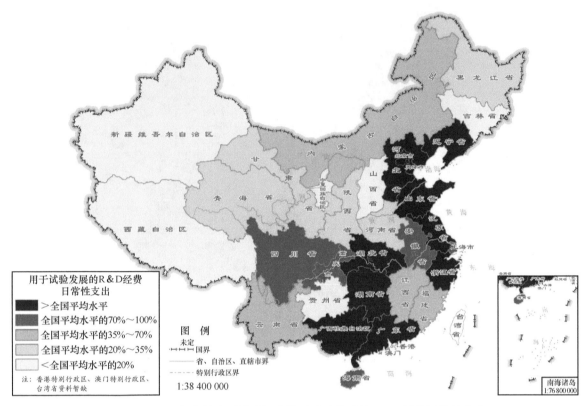

图 3-14　2019 年自然资源科研机构用于试验发展的 R&D 经费日常性支出

第三节　自然资源科技创新平台环境

一、自然资源科研机构国家级平台布局分明，发展空间较大

从 2019 年各省（区、市）自然资源科研机构国家（重点/工程）实验室数量占比来看，北京、广东、江苏和湖北排在全国前列，共占全国国家（重点/工程）实验室总数的 58%（图 3-15）；与 2018 年相比，2019 年各省（区、市）创新平台数量变动较小，北京、广东始终保持显著的优势，并且 2019 年其在全国占比有明显提高，表明其拥有更加坚固的创新平台资源。

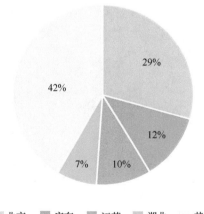

■北京　■广东　■江苏　■湖北　■其他

图 3-15　2019 年各省（区、市）自然资源科研机构国家（重点/工程）实验室数量占比

从 2019 年各省（区、市）自然资源科研机构国家工程（研究/技术研究）中心数量占比来看，

北京、山东、福建、江西、湖北和广东排在全国前六位，国家工程（研究／技术研究）中心总数量占全国的 60%（图 3-16）；与 2018 年相比，山东、广东两省加大了对国家工程（研究／技术研究）中心这一平台建设的重视程度，挤进全国前列，北京依旧呈现出领先优势。

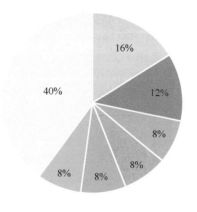

图 3-16　2019 年各省（区、市）自然资源科研机构国家工程（研究／技术研究）中心数量占比

二、基本建设支出用途指向鲜明

基本建设支出按用途分为科研仪器设备、科研土建工程、生产经营土建与设备、生活土建与设备的支出。基本建设投资科研仪器设备是指在基本建设投资的支出中购置的科研仪器设备总值，基本建设投资科研土建工程是指在基本建设投资的实际完成额支出中完成的科研土建工作量（如科研楼、试验用房等）。从基本建设支出总额来看，2019 年北京、广东、山东、上海、广西和辽宁排在前六位，并且高于全国平均水平（图 3-17）。从用途分类来看，2019 年大部分地区的基本建设支出

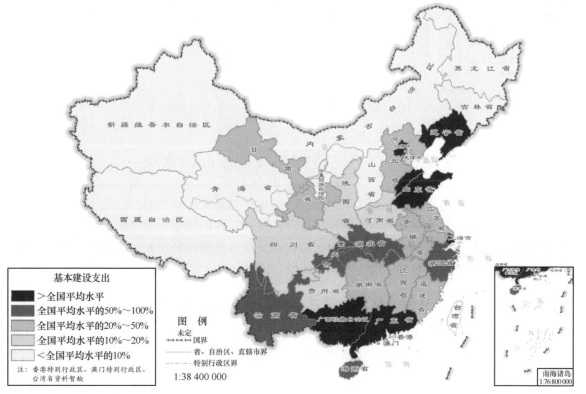

图 3-17　2019 年自然资源科研机构基本建设支出的区域分布

主要用于科研土建工程和科研仪器设备。

三、固定资产和科学仪器设备投入东部地区优势明显

固定资产是指能在较长时间内使用，消耗其价值但能保持原有实物形态的设施和设备，如房屋和建筑物等。作为固定资产应同时具备两个条件：耐用年限在一年以上；单位价值在规定标准以上。2019 年北京、广东、山东、上海、福建和湖北 6 个省（市）的固定资产领先全国，高于全国平均水平；河北、浙江、湖南、贵州、辽宁、四川和江苏 7 个省低于全国平均水平，但高于全国平均水平的80%（图 3-18）。

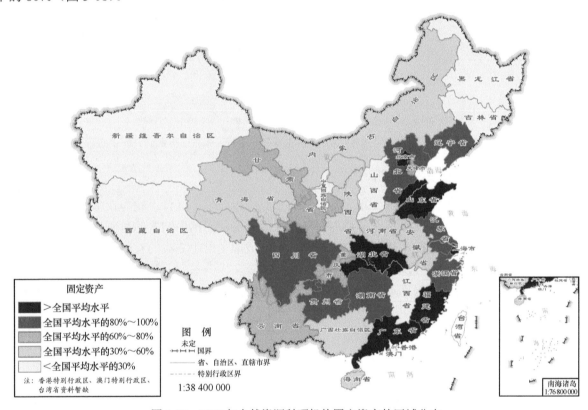

图 3-18　2019 年自然资源科研机构固定资产的区域分布

第四节　自然资源科技创新产出成果

知识创新是国家竞争力的核心要素。创新产出是指科学研究与技术创新活动所产生的各种形式的中间成果，是科技创新水平和能力的重要体现。论文、著作的数量和质量能够反映自然资源科技原始创新能力，专利申请量和授权量等则更加直接地反映自然资源科技创新活动程度和技术创新水平。较高的自然资源知识扩散与应用能力是创新型强国的共同特征之一。

一、自然资源科研机构科技论文发表量重点省（市）领先全国

2019 年，北京、广东、山东、湖北、江苏和辽宁的自然资源科研机构科技论文发表量位于全国前列，并且高于全国平均水平，6 个省（市）的科技论文发表量占全国的 67%。特别是与 2018

年相比，北京科技论文发表量在全国的占比显著提高，表明其在科技论文这一项创新产出成果方面具有较大潜力和优势（图3-19）。

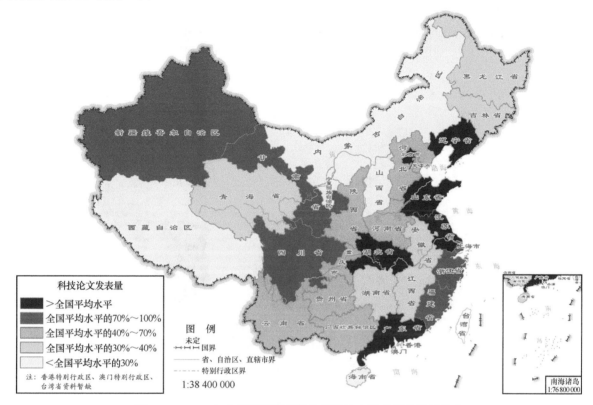

图 3-19　2019 年自然资源科研机构科技论文发表量的区域分布

二、自然资源科研机构科技著作出版量地域分布鲜明，优势突出

2019 年，从自然资源科研机构科技著作出版量来看，北京、山东、湖北、广东、江苏、浙江 6个省（市）在全国前列，高于全国平均水平，占全国的 69%，表明这 6 个省（市）创新成果产出能力在全国范围内具有领先优势。与 2018 年相比，北京仍旧保持科技著作高产出，而山东则进步明显，其自然资源科研机构科技著作出版量在全国的占比有较大提升（图 3-20）。

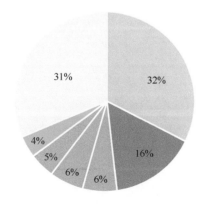

图 3-20　2019 年自然资源科研机构科技著作出版量占比的区域分布

三、自然资源科研机构专利申请受理量总体增长，产出能力普遍提高

从自然资源科研机构专利申请受理量来看，广东、山东、北京、辽宁、浙江、湖北、河北和江苏 8 个省（市）名列全国前八位，且高于全国平均水平，约占全国的 75%（图 3-21）。与 2018 年相比，自然资源科研机构专利申请受理量总体增长，产出能力普遍增高；广东、山东两省的优势更加凸显，表明其在专利申请受理量这一创新成果方面具有较高的产出能力。

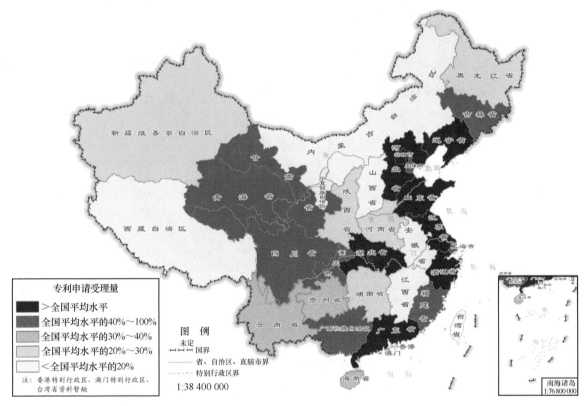

图 3-21　2019 年自然资源科研机构专利申请受理量的区域分布

第四章 自然资源科技创新对我国科技创新的贡献

当前，我国经济发展进入速度变化、结构优化和动力转换的新时代。建设生态文明、保护绿水青山、满足人民对美好生活的向往，都对自然资源科技创新提出了新的更高要求。在党中央的领导下，科技事业形成了从理论到战略再到行动的完整体系，推动我国科技创新发生历史性变化、取得历史性成就，为国家发展、人民幸福奠定了坚实的物质基础。

自然资源科技创新人力资源的综合素质决定了自然资源科技创新能力提升的速度和幅度。2019年，从我国各省（区、市）R&D人员中自然资源科研机构R&D人员的占比来看，青海、西藏、新疆、甘肃、海南、北京、宁夏、贵州、辽宁、云南排在前十位，并且均高于全国平均水平，其中青海十分突出。从我国各省（区、市）自然资源科研机构的R&D人员折合全时工作量占该地区R&D人员折合全时工作量的比例来看，青海、西藏、新疆、甘肃、海南、贵州、北京、云南、辽宁、宁夏、广西排在前十一位，并且均高于全国平均水平。我国各省（区、市）R&D博士学历人员中自然资源科研机构R&D博士学历人员的占比较低，除青海、山东、贵州外，其他地区均未超过10%。西部地区自然资源科研机构的R&D人员总量占比及R&D人员折合全时工作量占比较高，体现出这些地区的发展对自然资源依赖性较强。

创新产出是指科学研究与技术创新活动所产生的各种形式的中间成果，是科技创新水平和能力的重要体现。从我国各省（区、市）自然资源科技创新产出占该地区科技创新产出总量的比例来看，2019年西部地区和东部地区占比较大，中部地区占比较小。根据我国各省（区、市）科技论文发表总量中自然资源科研机构科技论文发表量的占比，青海、山东、广东、新疆、贵州、湖北、福建、河北、辽宁、甘肃和天津排在前十一位，并且高于全国平均水平。从我国各省（区、市）科技著作出版总量中自然资源科研机构科技著作出版量的占比来看，山东、辽宁、宁夏、贵州、青海、湖北、河北、福建、新疆、甘肃、四川排在前十一位，并且高于全国平均水平。从各省（区、市）专利申请受理量中自然资源科研机构专利申请受理量的占比来看，青海、广东、山东、西藏、海南、贵州、河北、福建、甘肃、内蒙古排在前十位，并且高于全国平均水平，青海尤其突出。

第一节 自然资源科技创新人力资源结构

一、西部地区科技发展对自然资源依赖性较强

2019年，从我国各省（区、市）自然资源科研机构的R&D人员总量来看，北京、广东、山东、辽宁、湖北排在前五位，并且均高于全国平均水平。但从我国各省（区、市）R&D人员中自然资源科研机构R&D人员的占比来看，青海、西藏、新疆、甘肃、海南、北京、宁夏、贵州、辽宁、云南排在前十位，并且均高于全国平均水平（图4-1），其中青海十分突出，是全国平均水平的4.94倍，西藏和新疆分别是全国平均水平的3.13倍和1.97倍。从地区分布上可以看出，2018年和2019年青海、西藏、新疆、甘肃4个省（区）自然资源科研机构R&D人员的占比连续两年位列全国前

四位，即西部地区的 R&D 人员总量中自然资源科研机构的 R&D 人员占比较高，而中东部地区占比较低。这说明西部地区科研机构的 R&D 人员大多集中于自然资源研究领域，科技发展对自然资源依赖性较强。

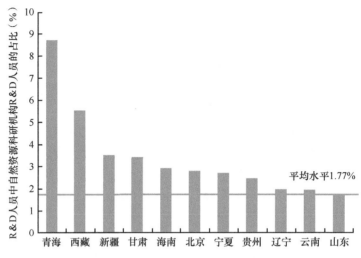

图 4-1 2019 年 R&D 人员中自然资源科研机构 R&D 人员的占比

二、自然资源科研机构 R&D 人员折合全时工作量占比西部领先

2019 年，我国自然资源科研机构的 R&D 人员折合全时工作量区域分布梯次分明，北京、广东、山东、辽宁、湖北排在前五位，并且均高于全国平均水平。

但从我国各省（区、市）自然资源科研机构的 R&D 人员折合全时工作量占该地区 R&D 人员折合全时工作量的比例来看，2019 年青海、西藏、新疆、甘肃、海南、贵州、北京、云南、辽宁、宁夏、广西排在前十一位，并且均高于全国平均水平（图 4-2），可以看出，西部地区自然资源科研机构的 R&D 人员折合全时工作量占比较高，中东部地区较低。与 2018 年（图 4-3）相比，青海和海南的排名有所上升，西藏、北京、辽宁排名有所下降。

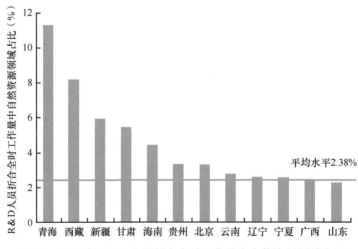

图 4-2 2019 年 R&D 人员折合全时工作量中自然资源领域占比

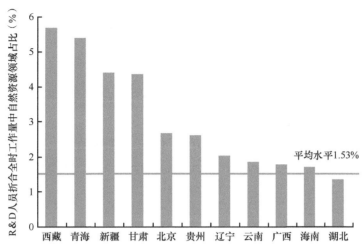

图 4-3　2018 年 R&D 人员折合全时工作量中自然资源领域占比

三、R&D 人员学历结构区域差异明显

从 R&D 人员学历结构上看，2019 年北京的 R&D 人员中博士学历人员量占绝对优势，分别是第二名广东、第三名山东的 1.63 倍、1.82 倍。R&D 人员中博士学历人员量较少的是宁夏、山西和西藏。

但我国各省（区、市）R&D 博士学历人员中自然资源科研机构 R&D 博士学历人员的占比较低，除青海、山东、贵州外，其他地区均未超过 10%。从该指标的区域分布来看，青海、山东、贵州、新疆、广东、北京、西藏、甘肃、海南、云南、湖北、辽宁排在前十二位，高于全国平均水平（图 4-4）。

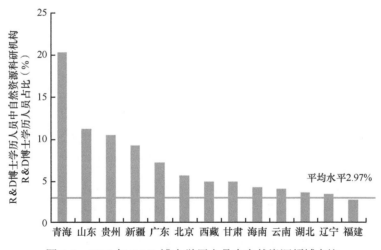

图 4-4　2019 年 R&D 博士学历人员中自然资源领域占比

山东和广东的自然资源科研机构 R&D 博士学历人员量及其占所在地区 R&D 博士学历人员量的比例均较高，说明这两个地区自然资源科技创新高水平人力资源占据较大优势。青海、贵州和新疆的自然资源科研机构 R&D 博士学历人员量与全国平均水平相比并不高，但自然资源科研机构 R&D 博士学历人员占所在地区 R&D 博士学历人员的比例却较高，说明这些地区的科技创新高水平人力资源对自然资源领域的依赖性较强。

第二节 自然资源科技创新产出成果

一、自然资源科技论文发表量

2019 年，从我国各省（区、市）科技论文发表总量中自然资源科技论文发表量占比来看，青海、山东、广东、新疆、贵州、湖北、福建、河北、辽宁、甘肃和天津排在前十一位，并且高于全国平均水平（图 4-5）。与 2018 年（图 4-6）相比，青海科技论文发表总量中自然资源科技论文发表量占比下降近 5 个百分点，但仍然远高出其他省（区、市），湖北、辽宁和天津的排名有所下降，山东、新疆和贵州的排名有所上升。

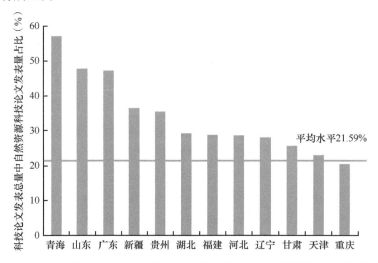

图 4-5　2019 年各省（区、市）科技论文发表总量中自然资源科技论文发表量占比

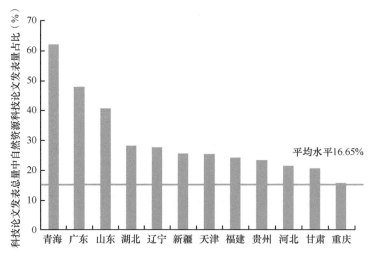

图 4-6　2018 年各省（区、市）科技论文发表总量中自然资源科技论文发表量占比

在 2019 年科技论文发表总量中自然资源科技论文发表量占比较高的各省（区、市）中，山东、广东的科技论文发表量与科技论文发表总量中自然资源科技论文发表量占比均超过全国平均水平，说明这些地区科技创新产出水平较高，原始创新能力强。青海、新疆、贵州科技论文发表总量中自

然资源科技论文发表量占比超过全国平均水平，但科技论文发表总量较低，说明这些地区科技产出贡献主要来源于自然资源领域，地区科技发展对自然资源有依赖性。

二、自然资源科技著作出版量

2019 年，从我国各省（区、市）科技著作出版总量中自然资源科研机构科技著作出版量占比来看，山东、辽宁、宁夏、贵州、青海、湖北、河北、福建、新疆、甘肃、四川排在前十一位，并且高于全国平均水平（图 4-7）。与 2018 年（图 4-8）相比，山东的科技著作出版总量中自然资源科研机构科技著作出版量占比增长近 33 个百分点，成为占比最高的省份，青海、湖北的排名有所下降。

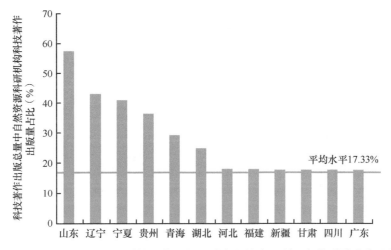

图 4-7　2019 年各省（区、市）科技著作出版总量中自然资源科研机构科技著作出版量占比

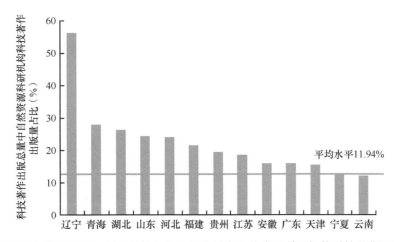

图 4-8　2018 年各省（区、市）科技著作出版总量中自然资源科研机构科技著作出版量占比

三、自然资源领域专利申请受理量

从各省（区、市）专利申请受理量中自然资源科研机构专利申请受理量占比来看，2019 年青海、广东、山东、西藏、海南、贵州、河北、福建、甘肃、内蒙古排在前十位，并且高于全国平均水平，青海尤其突出（图 4-9）。与 2018 年相比，西藏、河北排名有所上升，贵州、福建、甘肃、辽宁和浙江等排名有所下降（图 4-10）。青海在专利申请受理方面，对自然资源领域依赖性比较强。

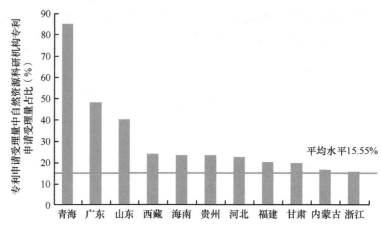

图 4-9 2019 年各省（区、市）专利申请受理量中自然资源科研机构专利申请受理量占比

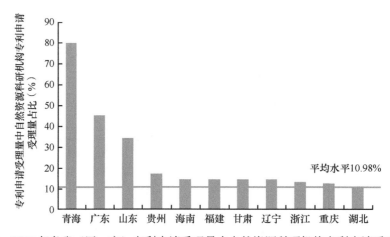

图 4-10 2018 年各省（区、市）专利申请受理量中自然资源科研机构专利申请受理量占比

第二部分

专 题 篇

第五章　我国自然资源领域国民经济行业科技创新专题分析

第一节　自然资源科技人力资源投入分析

一、科技活动人员量及其组成结构

从科技活动人员量来看，自然科学研究和试验发展、地质勘查、农业科学研究和试验发展、测绘地理信息服务 4 个行业的科技活动人员量排名前四位（图 5-1），高于行业平均水平。其中，自然科学研究和试验发展与地质勘查的科技活动人员量是行业平均水平的 3 倍多，农业科学研究和试验发展的科技活动人员量是行业平均水平的 1 倍多，工程和技术研究和试验发展的科技活动人员量与行业平均水平相近，这些行业在科技活动人员投入方面有明显优势。

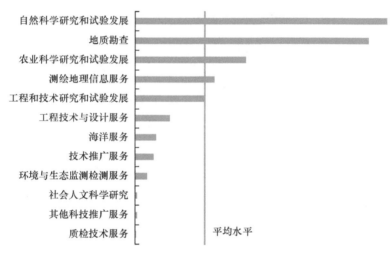

图 5-1　各行业科技活动人员量

从科技活动人员组成结构上看，多数行业课题活动人员（即编制在研究室或课题组的人员）在科技活动人员中的占比保持在 50% 以上，社会人文科学研究、自然科学研究和试验发展等行业达 70% 以上。而技术推广服务、测绘地理信息服务、地质勘查和环境与生态监测检测服务 4 个行业在科技服务人员（即直接为科技工作服务的各类人员）方面投入较多，占比分别为 45.02%、39.86%、38.10% 和 37.53%，其余大多数行业的科技服务人员占比低于 30%。科技管理人员（即机构领导及业务、人事管理人员）在科技活动人员中的占比除技术推广服务、社会人文科学研究、质检技术服务和海洋服务较高外，其他行业均低于 20%。

从科技活动人员学历结构上看，自然科学研究和试验发展行业博士和硕士学历人员的占比最高，达 64.78%（图 5-2）；自然科学研究和试验发展、社会人文科学研究、工程和技术研究和试验发展等行业科技活动人员中博士和硕士学历人员的占比均高于 50%，反映出各类行业对高学历人才的旺盛需求。

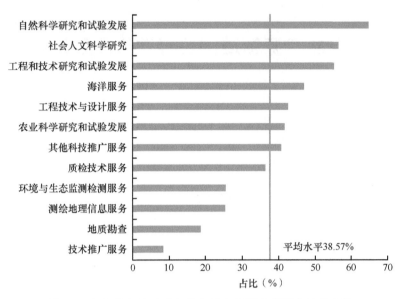

图 5-2　各行业科技活动人员中博士和硕士学历人员的占比

二、R&D 人员总量与折合全时工作量

从 R&D 人员总量来看，自然科学研究和试验发展、农业科学研究和试验发展、地质勘查、工程和技术研究和试验发展 4 个行业的 R&D 人员总量较高（图 5-3），高于行业平均水平。其中，自然科学研究和试验发展的 R&D 人员总量是行业平均水平的 6 倍多，与其他行业相比有明显优势。

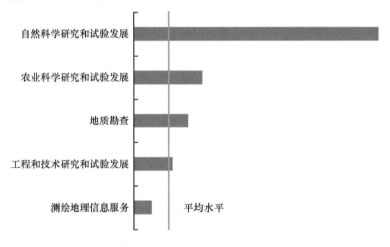

图 5-3　各行业 R&D 人员总量

从 R&D 人员折合全时工作量来看，自然科学研究和试验发展、农业科学研究和试验发展、地质勘查、工程和技术研究和试验发展 4 个行业的 R&D 人员折合全时工作量排名前四位（图 5-4），高于行业平均水平。其中，自然科学研究和试验发展的 R&D 人员折合全时工作量是行业平均水平的 6.5 倍多。

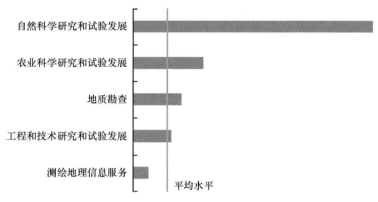

图 5-4　各行业 R&D 人员折合全时工作量

三、R&D 人员结构

从 R&D 人员学历结构来看，自然科学研究和试验发展行业 R&D 人员中博士学历人员的占比最高，达 41.50%；工程和技术研究和试验发展行业 R&D 人员中博士学历人员的占比为 31.68%，高于行业平均水平（图 5-5）。

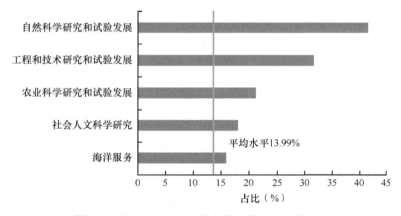

图 5-5　各行业 R&D 人员中博士学历人员的占比

第二节　自然资源科技创新经费投入与平台环境分析

一、R&D 经费内部支出

从 R&D 经费内部支出来看，自然科学研究和试验发展行业的 R&D 经费内部支出远远超过其他行业（图 5-6），其后依次是农业科学研究和试验发展、工程和技术研究和试验发展两个行业，前三个行业的 R&D 经费内部支出高于行业平均水平；除以上三个行业外，地质勘查、测绘地理信息服务的 R&D 经费内部支出水平也较高。自然科学研究和试验发展的 R&D 经费内部支出是行业平均水平的 7 倍多，表明这一行业研究规模与研究经费支出庞大。

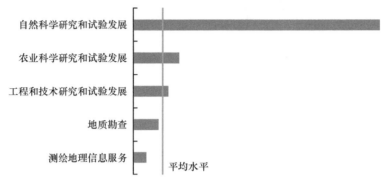

图 5-6　各行业 R&D 经费内部支出

从 R&D 人均经费内部支出来看，自然科学研究和试验发展、工程和技术研究和试验发展、其他科技推广服务、社会人文科学研究、海洋服务等行业都处于较高水平（图 5-7），反映出这些行业研究的高成本特性。

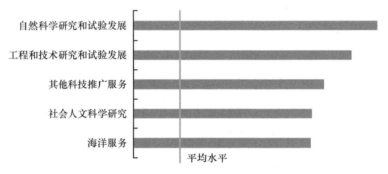

图 5-7　各行业 R&D 人均经费内部支出

从 R&D 经费内部支出中日常性支出的构成来看，其他科技推广服务、社会人文科学研究、环境与生态监测检测服务、技术推广服务、质检技术服务的日常性支出中人员费（含工资）占绝大比例，在 60% 以上，反映了这些行业相对较高的用人成本。但是测绘地理信息服务、工程和技术研究和试验发展、地质勘查、自然科学研究和试验发展、海洋服务 5 个行业的其他日常支出在日常性支出中占比较高，在 50% 以上，表明这些行业的日常运营成本较高。

从 R&D 经费内部支出中日常性支出的来源来看，绝大多数行业日常性支出来自政府资金，其占比大部分高达 70% 以上，只有工程技术与设计服务行业占比较小，为 36.19%。其他科技推广服务、社会人文科学研究的政府资金占比为 100%，国外企业等资金来源渠道狭窄，一定程度上体现了自然资源发展对于国家和政府的依赖。而工程和技术研究和试验发展行业的 R&D 日常性支出中企业资金占比达到 28.36%，在所有行业中占比最高（图 5-8），可以看出该行业的 R&D 活动中企业主体较为活跃。

从 R&D 经费内部支出中日常性支出的用途来看，大多数行业主要用于试验发展和应用研究。技术推广服务日常性支出中用于试验发展的占比为 91.79%，其他科技推广服务、测绘地理信息服务、海洋服务、环境与生态监测检测服务 4 个行业用于试验发展的日常性支出占比高于 60%；工程和技术研究和试验发展、工程技术与设计服务等行业日常性支出主要用于应用研究；而社会人文科学研究、自然科学研究和试验发展日常性支出主要投入基础研究，其中社会人文科学研究行业用于基础研究的日常性支出占比高达 100%。

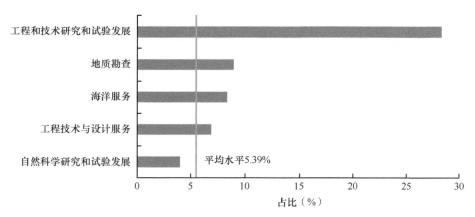

图 5-8 各行业 R&D 日常性支出中企业资金的占比

从 R&D 资产性支出来看，自然科学研究和试验发展行业远远高于其他行业（图 5-9），约是行业平均水平的 8.72 倍，这也与该行业对基本建设要求高的特性相吻合。

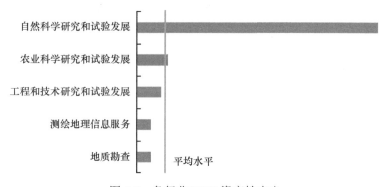

图 5-9 各行业 R&D 资产性支出

二、自然资源科技创新平台

自然资源科技创新平台主要分析自然资源领域各行业的国家重点实验室数量与国家工程技术研究中心数量情况。

从国家重点实验室数量来看，自然科学研究和试验发展、工程和技术研究和试验发展两个行业拥有的国家重点实验室数量在所有行业国家重点实验室总数中的占比高达 84.09%，其中自然科学研究和试验发展行业的国家重点实验室数量最高，与其他行业相比有绝对优势（图 5-10），反映出自然科学研究和试验发展对自然资源科技创新平台的大力投入。

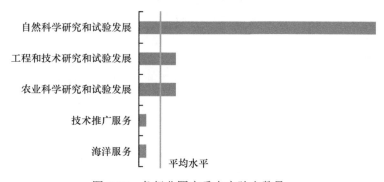

图 5-10 各行业国家重点实验室数量

从国家工程技术研究中心数量来看，农业科学研究和试验发展、自然科学研究和试验发展、工程和技术研究和试验发展 3 个行业的国家工程技术研究中心数量排名前三位（图 5-11），在所有行业国家工程技术研究中心总数中的占比高达 86.49%，其中农业科学研究和试验发展在国家工程技术研究中心数量上有显著优势。

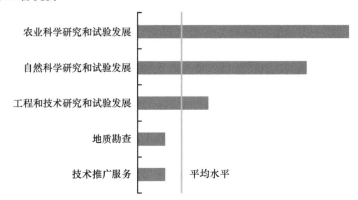

图 5-11　各行业国家工程技术研究中心数量

第三节　自然资源科技创新成果产出分析

一、科技论文发表量

自然科学研究和试验发展、农业科学研究和试验发展、工程和技术研究和试验发展 3 个行业的科技论文发表量较高，高于行业平均水平（图 5-12）。其中，自然科学研究和试验发展的科技论文发表量最高，是行业平均水平的 6.97 倍，在该项创新成果产出上有显著优势。

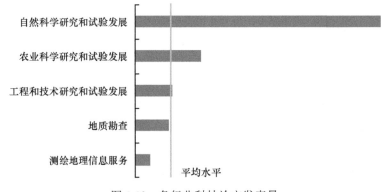

图 5-12　各行业科技论文发表量

二、科技著作出版量

自然科学研究和试验发展、农业科学研究和试验发展、地质勘查 3 个行业的科技著作出版量高于行业平均水平。与科技论文发表量一致，自然科学研究和试验发展在科技著作出版量方面也明显高于其他行业，如图 5-13 所示。

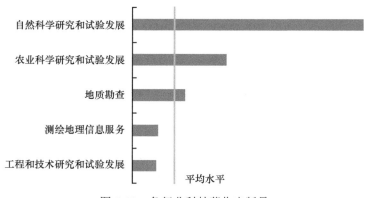

图 5-13　各行业科技著作出版量

三、专利申请受理量

自然科学研究和试验发展、工程和技术研究和试验发展两个行业的专利申请受理量高于行业平均水平，分别是平均水平的 5.91 倍和 4.26 倍，在该项成果产出上表现出明显优势，如图 5-14 所示。

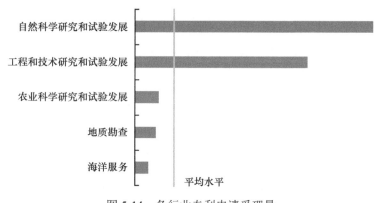

图 5-14　各行业专利申请受理量

第四节　重点省（市）自然资源科技创新概况分析

一、北京自然资源领域国民经济行业科技创新分析

（一）自然资源科技创新投入分析

从自然资源科技创新人力资源投入来看，北京在科技活动人员量上占明显优势的行业有自然科学研究和试验发展、地质勘查、农业科学研究和试验发展（图 5-15），其中自然科学研究和试验发展行业占有绝对优势。就科技活动人员的学历结构而言，科技活动人员投入较多的 5 个行业的科技活动人员中博士和硕士学历人员的占比明显高于其他行业，均高于 55%（图 5-16）。

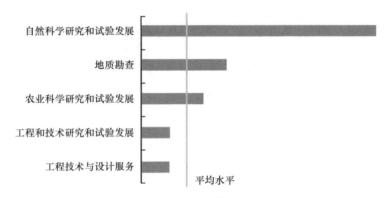

图 5-15 北京各行业科技活动人员量

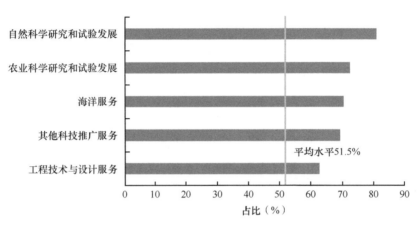

图 5-16 北京各行业科技活动人员中博士和硕士学历人员的占比

就 R&D 人员总量而言，自然科学研究和试验发展、农业科学研究和试验发展两个行业的投入较多（图 5-17）。R&D 人员投入较多的前 5 个行业的 R&D 人员折合全时工作量也排在前五名（图 5-18）。自然科学研究和试验发展行业 R&D 人员中博士学历人员的占比最高，达 52%，农业科学研究和试验发展行业 R&D 人员中博士学历人员的占比为 50% 左右（图 5-19）。

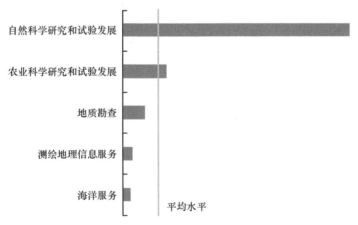

图 5-17 北京各行业 R&D 人员总量

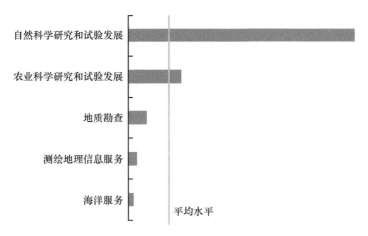

图 5-18　北京各行业 R&D 人员折合全时工作量

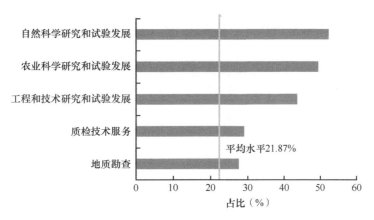

图 5-19　北京各行业 R&D 人员中博士学历人员的占比

从 R&D 经费投入来看，自然科学研究和试验发展、测绘地理信息服务、农业科学研究和试验发展、地质勘查、工程和技术研究和试验发展 5 个行业在 R&D 经费内部支出上投入较多（图 5-20）。而这些行业在 R&D 经费内部支出中的日常性支出（图 5-21）和资产性支出（图 5-22）两个方面的投入也位于北京各行业的前列。

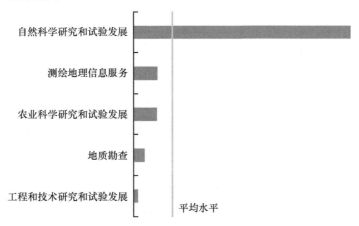

图 5-20　北京各行业 R&D 经费内部支出

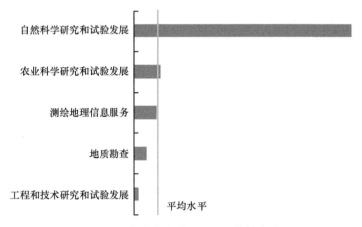

图 5-21 北京各行业 R&D 日常性支出

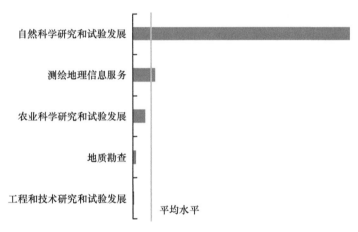

图 5-22 北京各行业 R&D 资产性支出

从国家创新平台与环境投入来看，自然科学研究和试验发展拥有的国家重点实验室最多，与其他行业相比有明显优势。此外，农业科学研究和试验发展行业也拥有国家重点实验室。同时，农业科学研究和试验发展、工程和技术研究和试验发展、自然科学研究和试验发展行业均拥有各自的国家工程技术研究中心（图 5-23）。

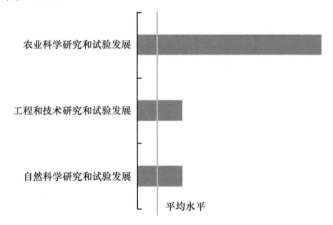

图 5-23 北京各行业国家工程技术研究中心数量

（二）自然资源科技创新产出成果分析

自然资源科技创新产出成果主要从科技论文发表量、科技著作出版量及专利申请受理量三方面进行分析。据上述分析，自然科学研究和试验发展、地质勘查、农业科学研究和试验发展等行业在人力资源投入、经费投入等方面都有明显优势，因此这些行业的科技创新产出成果量也位于各行业前列。其中，自然科学研究和试验发展在科技论文发表量、科技著作出版量及专利申请受理量三方面的表现均最为突出（图 5-24 ～图 5-26）。此外，地质勘查行业在科技著作出版量方面也表现较好（图 5-25），工程和技术研究和试验发展行业在专利申请受理量上位于前列（图 5-26）。

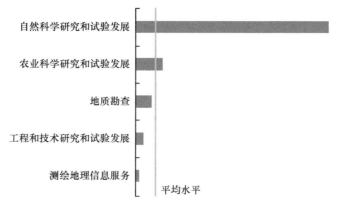

图 5-24　北京各行业科技论文发表量

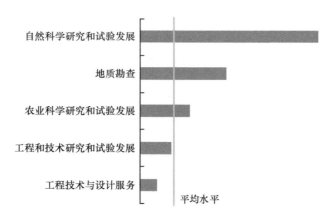

图 5-25　北京各行业科技著作出版量

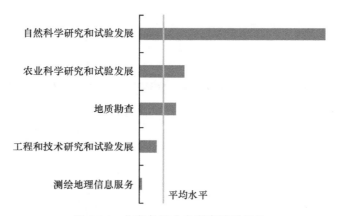

图 5-26　北京各行业专利申请受理量

二、广东自然资源领域国民经济行业科技创新分析

（一）自然资源科技创新投入分析

从自然资源科技创新人力资源投入来看，广东各行业中自然科学研究和试验发展、工程和技术研究和试验发展、农业科学研究和试验发展、地质勘查 4 个行业在科技活动人员投入上占优势（图 5-27）。其中，自然科学研究和试验发展行业的科技活动人员量最多。就科技活动人员的学历结构而言，工程和技术研究和试验发展、自然科学研究和试验发展、环境与生态监测检测服务、农业科学研究和试验发展、工程技术与设计服务 5 个行业的科技活动人员中博士和硕士学历人员的占比均在 40% 以上（图 5-28），工程和技术研究和试验发展、自然科学研究和试验发展的占比较高，都在 60% 以上。

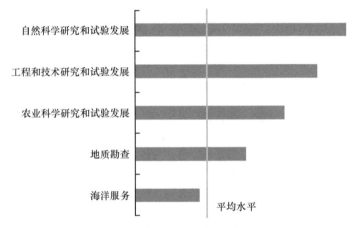

图 5-27   广东各行业科技活动人员量

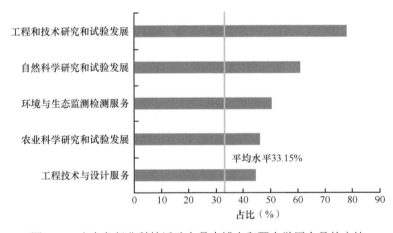

图 5-28   广东各行业科技活动人员中博士和硕士学历人员的占比

从 R&D 人员总量（图 5-29）及 R&D 人员折合全时工作量（图 5-30）来看，自然科学研究和试验发展、工程和技术研究和试验发展、农业科学研究和试验发展、地质勘查、海洋服务 5 个行业的投入较多。值得注意的是，与北京相比，广东各行业中海洋服务投入显著增多，这与其沿海的地理位置有重要关系。就 R&D 人员学历结构而言，这些行业 R&D 人员中博士学历人员的占比大多低于 50%（图 5-31），稍逊于北京同行业的 R&D 人员中博士学历人员的占比。

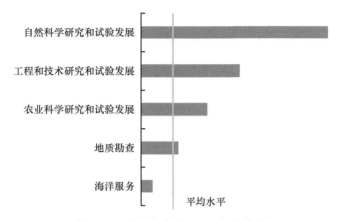

图 5-29　广东各行业 R&D 人员总量

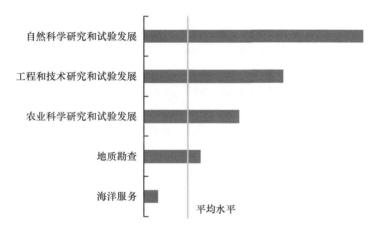

图 5-30　广东各行业 R&D 人员折合全时工作量

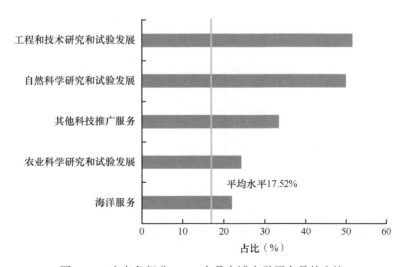

图 5-31　广东各行业 R&D 人员中博士学历人员的占比

从 R&D 经费投入来看，自然科学研究和试验发展、工程和技术研究和试验发展、地质勘查、农业科学研究和试验发展、海洋服务 5 个行业在 R&D 经费内部支出（图 5-32）、R&D 日常性支出（图 5-33）、R&D 资产性支出（图 5-34）上投入较多，其中自然科学研究和试验发展在这三方面的投入上都有绝对优势，其余行业的投入远低于自然科学研究和试验发展。

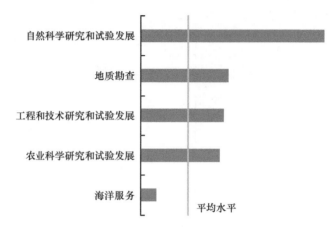

图 5-32　广东各行业 R&D 经费内部支出

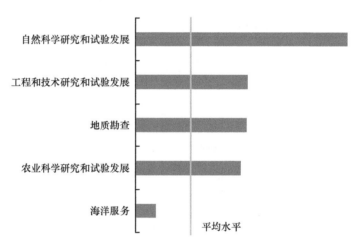

图 5-33　广东各行业 R&D 日常性支出

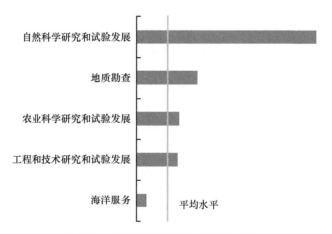

图 5-34　广东各行业 R&D 资产性支出

从国家创新平台与环境投入来看，广东各行业在国家重点实验室数量、国家工程技术研究中心数量上都不具有优势。其中，只有自然科学研究和试验发展、工程和技术研究和试验发展、海洋服务拥有各自的国家重点实验室，自然科学研究和试验发展、农业科学研究和试验发展拥有各自的国家工程技术研究中心。

（二）自然资源科技创新产出成果分析

从科技创新产出成果来看，自然科学研究和试验发展、工程和技术研究和试验发展、农业科学研究和试验发展 3 个行业在科技论文发表量（图 5-35）、科技著作出版量（图 5-36）、专利申请受理量（图 5-37）方面都表现突出，环境与生态监测检测服务的产出成果主要体现在科技著作出版。

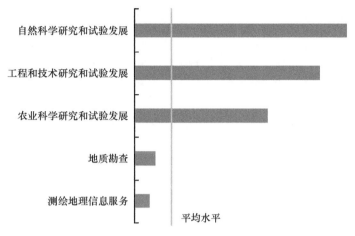

图 5-35　广东各行业科技论文发表量

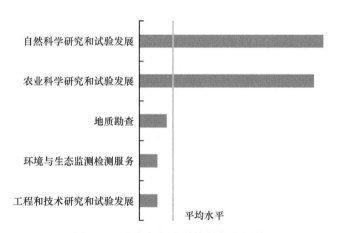

图 5-36　广东各行业科技著作出版量

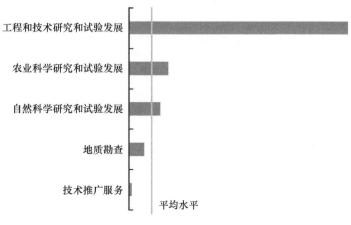

图 5-37　广东各行业专利申请受理量

三、山东自然资源领域国民经济行业科技创新分析

（一）自然资源科技创新投入分析

从自然资源科技创新人力资源投入来看，山东在科技活动人员量上占明显优势的行业有自然科学研究和试验发展、农业科学研究和试验发展、工程和技术研究和试验发展、测绘地理信息服务、海洋服务（图5-38）。其中，自然科学研究和试验发展投入人员最多，是排在第二位的农业科学研究和试验发展的5倍多。就科技活动人员的学历结构而言，工程和技术研究和试验发展、农业科学研究和试验发展两个行业的科技活动人员中博士和硕士学历人员的占比分为位于第二、三位（图5-39），这与山东的发展特点密切相关。

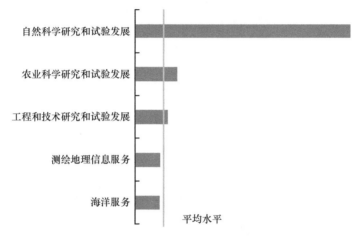

图 5-38 山东各行业科技活动人员量

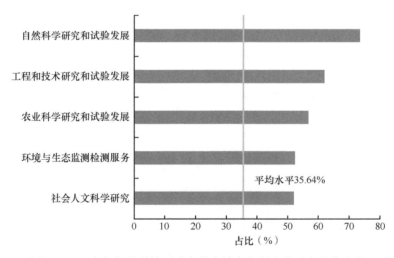

图 5-39 山东各行业科技活动人员中博士和硕士学历人员的占比

就 R&D 人员总量（图5-40）及 R&D 人员折合全时工作量来看，山东在自然科学研究和试验发展、农业科学研究和试验发展等行业的人才投入较为突出，这与山东当前的科技转型的政策引领和农业省份的传统是密不可分的。但从 R&D 人员的学历结构来看，山东各行业 R&D 人员中博士学历人员的占比（图5-41）低于北京和广东，在人才结构上还须优化。

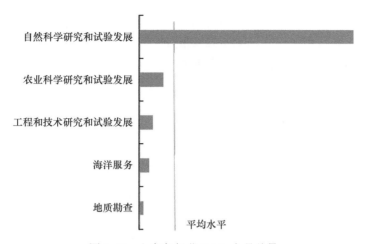

图 5-40　山东各行业 R&D 人员总量

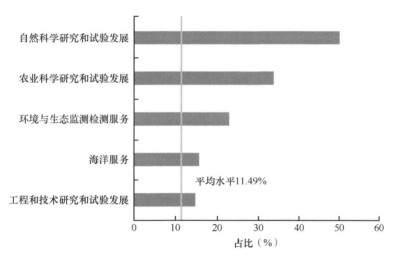

图 5-41　山东各行业 R&D 人员中博士学历人员的占比

从 R&D 经费投入来看，与北京、广东一致，山东的自然科学研究和试验发展在 R&D 经费内部支出上与其他行业相比具有压倒性优势（图 5-42），是投入排在第二位的农业科学研究和试验发展的 6 倍左右，是投入排在第三位的海洋服务的 31 倍多。

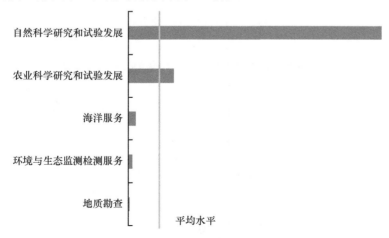

图 5-42　山东各行业 R&D 经费内部支出

从国家创新平台与环境投入来看，山东各行业在国家重点实验室数量、国家工程技术研究中心数量上都逊于北京和广东。山东没有国家重点实验室，并且只有环境与生态监测检测服务行业拥有国家工程技术研究中心。因此，山东在国家创新平台与环境打造上仍须努力。

（二）自然资源科技创新产出成果分析

从科技创新产出成果来看，自然科学研究和试验发展、农业科学研究和试验发展在科技论文发表量（图 5-43）、科技著作出版量（图 5-44）、专利申请受理量（图 5-45）方面的成果都非常突出。其中，自然科学研究和试验发展科技论文发表量表现出明显优势，是农业科学研究和试验发展的 5 倍多；工程和技术研究和试验发展在科技著作出版上成果较少，但专利申请的成果较多。

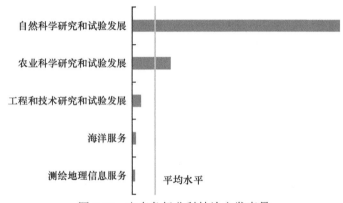

图 5-43　山东各行业科技论文发表量

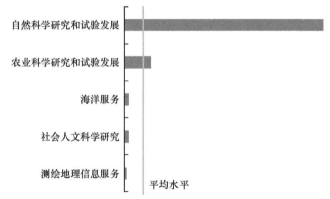

图 5-44　山东各行业科技著作出版量

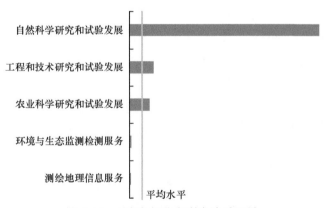

图 5-45　山东各行业专利申请受理量

第六章 我国自然资源领域国家自然科学基金项目专题分析

第一节 自然资源基金项目概况

一、自然资源基金项目年度分布情况

2014～2019 年自然资源基金项目逐年变化见图 6-1。这 6 年里，国家自然科学基金共资助 986 家研究单位开展自然资源研究，资助经费总额约为 126.74 亿元，年均资助约 21.1 亿元。

图 6-1　2014～2019 年自然资源基金项目逐年变化

2014～2019 年，国家自然科学基金对自然资源项目的资助机构数量每年都在 500 家以上，其中 2019 年资助机构数量最多，为 574 家，2017 年资助机构数量最少，为 507 家；2016 年资助经费总额最低，为 199 996.23 万元，2018 年资助经费总额最高，为 227 050.54 万元；年均资助项目数量为 3517 项，2014 年资助项目数量最少，为 3100 项，2019 年资助项目数量最多，为 3880 项。

二、自然资源基金项目地域分布情况

1. 自然资源基金项目城市群分布

2014～2019 年自然资源基金项目城市群分布如图 6-2 所示，其中京津冀城市群、长江三角洲城市群和长江中游城市群为排名前三位的城市群。

京津冀城市群获得国家自然科学基金资助的机构数量、项目数量和经费总额最多，分别达 237 家、4886 项和 329 752.72 万元，占比分别为 24.04%、23.15% 和 26.65%；其次为长江三角洲城市群，分别为 157 家、3629 项和 218 000.07 万元，占比分别为 15.92%、17.20% 和 17.62%；再次为长江中游城市群，分别为 83 家、2501 项和 136 737.82 万元，占比分别为 8.42%、11.85% 和 11.05%。北京为国家科技创新中心，天津为改革开放先行区，河北是京津冀生态环境支撑区，因此京津冀城市群是自然资源项目研究单位的云集地，自然资源基金项目承担机构数量也最多。

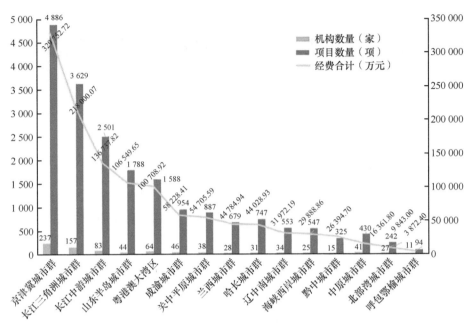

图 6-2　2014～2019 年自然资源基金项目城市群分布

2. 自然资源基金项目省（区、市）分布

2014～2019 年，自然资源基金项目承担机构数量、项目数量和经费总额所在省（区、市）（排名前十五位）的分布如图 6-3 所示，31 个省（区、市）均获有自然资源基金项目（台湾、香港和澳门不在申报体系内）。北京获得国家自然科学基金资助的机构数量最多，达 195 家，占比 19.78%；其次为广东 72 家，占比 7.30%；再次为江苏 60 家，占比 6.09%。北京为国家科技创新中心，是中国科学院、自然资源部、中国气象局等中央部委所属国家级科研机构和高等院校云集地，因此参与自然资源基金项目研究的机构数量为全国之最。

北京获得资助的项目数量为 4462 项，占比 21.14%，排名第一位；其次为山东，获得资助的项目数量为 1856 项，占比 8.80%。对比资助项目数量排名第一位的北京和排名第二位的山东的情况，

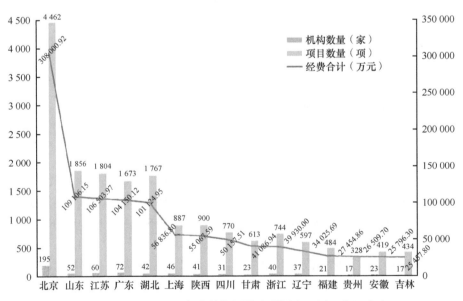

图 6-3　2014～2019 年自然资源基金项目省（区、市）分布

北京获得资助的项目数量是山东的 2.4 倍，说明北京在自然资源领域竞争优势较为明显。排名第三位的是江苏，获得资助的项目数量为 1804 项，占比 8.55%。

此外，北京为全国唯一自然资源基金项目经费总额超过 30 亿元的省（区、市），约为 30.80 亿元，占资助项目经费总额的 24.3%，遥遥领先；其次是山东，约为 10.91 亿元，占 8.61%；再次是江苏，约为 10.65 亿元，占 8.40%。

3. 自然资源基金项目城市分布

2014 ～ 2019 年自然资源基金项目承担机构所在城市分布（排名前十五位）如图 6-4 所示，其中北京、广州和上海为获得资助的研究机构数量排名前三位的城市。北京获得资助的研究机构数量最多，达 195 家，占比 19.78%；其次是广州，为 47 家，占比 4.77%；再次是上海，为 46 家，占比 4.67%。

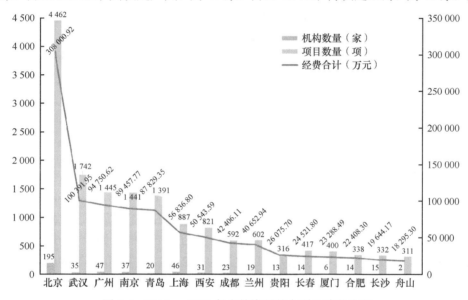

图 6-4　2014 ～ 2019 年自然资源基金项目城市分布

从获得资助的项目数量上看，北京获得资助的项目数量最多，有 4462 项，占自然资源基金项目的 21.14%，排名第一位；其次是武汉，获得资助的项目数量有 1742 项，占自然资源基金项目的 8.26%。获得资助的项目数量排名第三位的是广州，有 1445 项，占自然资源基金项目的 6.85%。

从获得资助的经费总额上看，北京最多，约为 30.80 亿元，占自然资源基金项目的 24.3%，遥遥领先；其次为武汉，获得资助的经费总额约为 10.04 亿元，占自然资源基金项目的 7.92%；再次是广州，获得资助的经费总额约为 9.48 亿元，占自然资源基金项目的 7.48%。

第二节　自然资源基金项目学科分布

2014 ～ 2019 年自然资源基金项目在自然资源学科中的分布如图 6-5 所示。这 6 年里，国家自然科学基金共资助地质类项目研究机构 507 家，资助总金额约 52.36 亿元，占自然资源基金项目的 41.31%，年均资助金额约 8.73 亿元；共资助海洋类项目研究机构 399 家，资助总金额达 27.40 亿元，占自然资源基金项目的 21.62%，年均资助金额约 4.6 亿元；共资助土地类项目研究机构 578 家，资助总金额达 27.29 亿元，占自然资源基金项目的 21.53%，年均资助金额约 4.55 亿元；测绘类项目的资助总金额占自然资源基金项目的 9.34%，矿产类项目的资助总金额占自然资源基金项目的 6.19%。

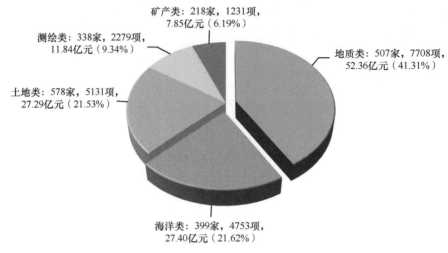

图 6-5　2014 ～ 2019 年自然资源基金项目学科分布

一、海洋类自然资源基金项目情况

1. 海洋类自然资源基金项目逐年变化

2014 ～ 2019 年海洋类自然资源基金项目逐年分布如图 6-6 所示。这 6 年里，国家自然科学基金对涉海项目承担机构的年均资助数量为 176 家，其中 2019 年资助机构数量最多，为 186 家，2017 年资助机构数量最少，为 167 家。2014 年资助金额为 6 年最低，为 40 706.40 万元，2015 年资助金额最高，为 51 397.11 万元。年均资助项目数量为 792 项，其中 2014 年资助项目数量最少，为 684 项，2019 年资助项目数量最多，为 861 项。

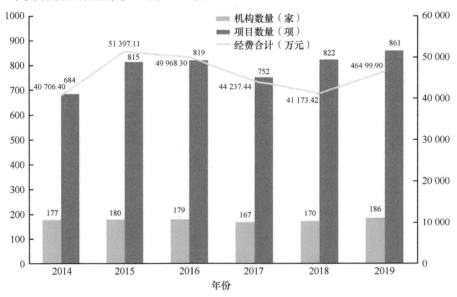

图 6-6　2014 ～ 2019 年海洋类自然资源基金项目逐年变化

2. 海洋类自然资源基金项目城市群分布

2014～2019 年海洋类自然资源基金项目城市群分布如图 6-7 所示。长江三角洲城市群、京津冀城市群和长江中游城市群分别为获得资助的研究机构数量排名前三位的城市群，其中长江三角洲城市群获得海洋类自然资源基金项目的机构数量最多，达 80 家，占比 20.05%；其次为京津冀城市群，有 68 家，占比 17.04%；再次为长江中游城市群，有 43 家，占比 10.78%。

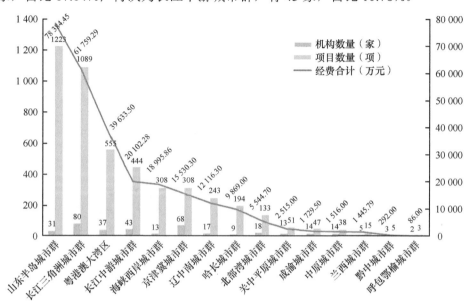

图 6-7　2014～2019 年海洋类自然资源基金项目城市群分布

山东半岛城市群、长江三角洲城市群和粤港澳大湾区是获得资助的项目数量排名前三位的城市群，其中山东半岛城市群海洋类自然资源基金项目数量最多，达 1223 项，占比 25.74%；其次为长江三角洲城市群，有 1089 项，占比 22.92%；再次为粤港澳大湾区，有 555 项，占比 11.68%。

山东半岛城市群和长江三角洲城市群是获得资助经费总额排名前两位的城市群，且资助经费超过 5 亿元，分别约为 7.84 亿元和 6.18 亿元，占比分别为 28.62% 和 22.55%；粤港澳大湾区排名第三位，获得资助经费总额 3.96 亿元，占比 14.47%。

3. 海洋自然资源基金项目省（区、市）分布

2014～2019 年海洋类自然资源基金项目省（区、市）（排名前十五位）分布如图 6-8 所示，31 个省（区、市）均获有海洋类自然资源基金项目（台湾、香港和澳门不在申报体系内）。北京、广东和山东是获得资助的研究机构科技实力排名前三位的省（区、市）。从图 6-8 可以看出，北京获得自然资源基金项目的机构数量最多，达 47 家，占比 11.78%；其次为广东，有 44 家，占比 11.03%；再次为山东，有 35 家，占比 8.77%。

山东获得资助的项目数量最多，为 1229 项，占比 25.87%，排名第一位；其次是广东，获得资助的项目数量为 620 项，占比 13.05%。在获得资助的海洋类自然资源基金项目中，山东竞争优势较为明显。资助数量排名第三位的是上海，获得资助的项目数量为 422 项，占比 8.88%。

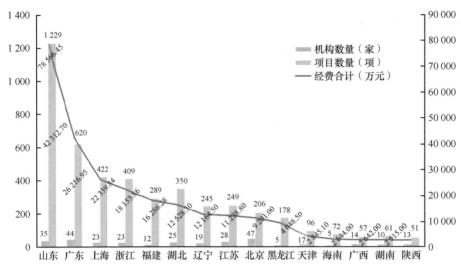

图 6-8　2014～2019 年海洋类自然资源基金项目省（区、市）分布

山东海洋类自然资源基金项目经费总额约 7.86 亿元，占比 28.69%，遥遥领先；其次是广东，约为 4.23 亿元，占比 15.45%；再次是上海，约为 2.62 亿元，占比 9.57%。由此可见，山东海洋类自然资源基金项目经费总额超过广东和上海之和。

4. 海洋类自然资源基金项目城市分布

2014～2019 年海洋类自然资源基金项目城市（排名前十五位）分布如图 6-9 所示，其中北京获得海洋类自然资源基金项目的机构数量最多，达 47 家，占比 11.78%；其次是广州，为 31 家，占比 7.77%；再次为武汉，为 24 家，占比 6.02%。

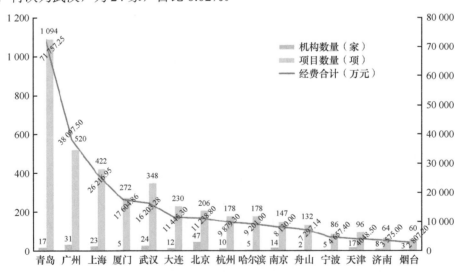

图 6-9　2014～2019 年海洋类自然资源基金项目城市分布

青岛海洋类自然资源基金项目数量为 1094 项，占比 23.03%，排名第一位；其次是广州，获得资助的项目数量为 520 项，占比 10.95%。对比青岛和广州获得资助的项目数量，青岛获得资助的项目数量是广州的 2.1 倍，青岛海洋类项目研究实力具有明显优势。获得资助的项目数量排名第三位的城市是上海，获得资助的项目数量为 422 项，占比 8.88%。

青岛是全国唯一获得海洋类自然资源基金项目经费总额超过 5 亿元的城市，约为 7.18 亿元，占比 26.2%，遥遥领先；其次是广州，资助经费总额约为 3.81 亿元，占比 13.91%；再次是上海，资助经费总额约为 2.62 亿元，占比 9.57%。

二、地质类自然资源基金项目情况

1. 地质类自然资源基金项目逐年变化

2014～2019 年地质类自然资源基金项目逐年变化如图 6-10 所示。这 6 年里，国家自然科学基金对地质类项目的年均资助机构数量为 248 家，其中 2016 年资助机构数量最多，为 266 家，2014 年资助机构数量最少，为 218 家。2019 年资助金额为 6 年最低，为 77 135.49 万元，2018 年资助金额最多为 100 906.35 万元。从资助项目数量上看，年均资助项目数量为 1285 项，其中 2014 年资助项目数量最少，为 1116 项，2018 年资助项目数量最多，为 1387 项。

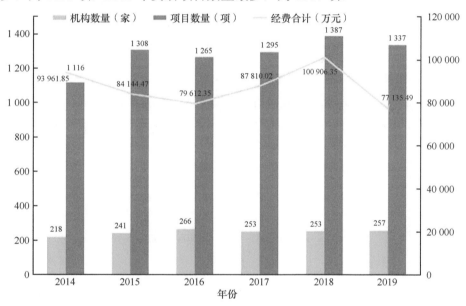

图 6-10　2014～2019 年地质类自然资源基金项目逐年变化

2. 地质类自然资源基金项目城市群分布

2014～2019 年地质类自然资源基金项目城市群分布如图 6-11 所示。京津冀城市群、长江三角洲城市群和长江中游城市群为获得资助的机构数量排名前三位的城市群，其中京津冀城市群获得地质类自然资源基金项目的机构数量最多，达 119 家，占比 23.47%；其次是长江三角洲城市群，为 73 家，占比 14.40%；再次是长江中游城市群，为 43 家，占比 8.48%。

京津冀城市群获得地质类自然资源基金项目数量最多，达 2512 项，占比 32.59%；其次是长江三角洲城市群，为 1020 项，占比 13.23%；再次是长江中游城市群，为 1013 项，占比 13.14%。

从资助经费上看，京津冀城市群、长江三角洲城市群和长江中游城市群是获得资助经费总额排名前三位的城市群，且资助经费均超过 5 亿元，分别约为 18.30 亿元、7.61 亿元和 6.33 亿元，占比分别为 34.95%、14.52% 和 12.08%。

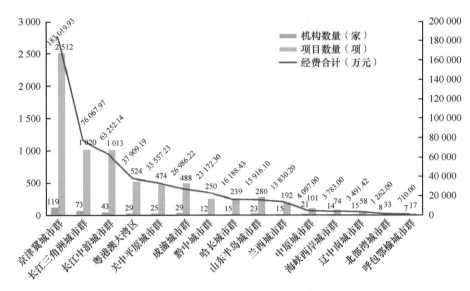

图 6-11 2014 ~ 2019 年地质类自然资源基金项目城市群分布

3. 地质类自然资源基金项目省（区、市）分布

2014 ~ 2019 年地质类自然资源基金项目省（区、市）（排名前十五位）分布如图 6-12 所示。31 个省（区、市）均获有地质类自然资源基金项目（台湾、香港和澳门不在申报体系内）。北京获得地质类自然资源基金项目的机构数量最多，达 94 家，占比 18.54%；其次是江苏和广东，均为 33 家，占比为 6.51%；再次是山东，为 29 家，占比 5.72%。

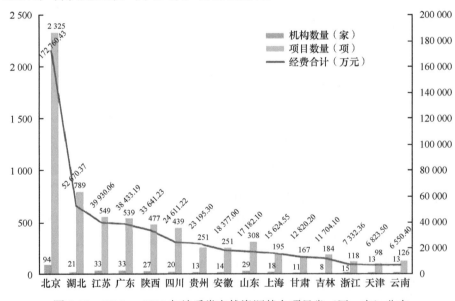

图 6-12 2014 ~ 2019 年地质类自然资源基金项目省（区、市）分布

在资助项目数量方面，北京获得地质类自然资源基金项目数量最多，达 2325 项，占比 30.16%；其次是湖北，为 789 项，占比 10.24%。在自然资源科技领域地质类项目方面北京竞争优势明显。获得资助项目数量排名第三位的是江苏，获得资助的项目数量为 549 项，占比 7.12%。

在资助经费方面，北京获自然资源地质类项目资助经费总额约 17.28 亿元，占比 32.99%，遥遥领先。其次是湖北，获得资助经费总额约 5.27 亿元，占比 10.06%；再次是江苏，获得资助经费总额约 3.99 亿元，占比 7.62%。

4. 地质类自然资源基金项目城市分布

2014 ～ 2019 年地质类自然资源基金项目城市（排名前十五位）分布如图 6-13 所示，北京是获得资助的机构数量最多的城市，达 94 家，占比 18.54%；其次是广州和西安，获得资助的机构数量均为 22 家，占比均为 4.34%；再次是南京，获得资助的机构数量为 21 家，占比 4.14%。

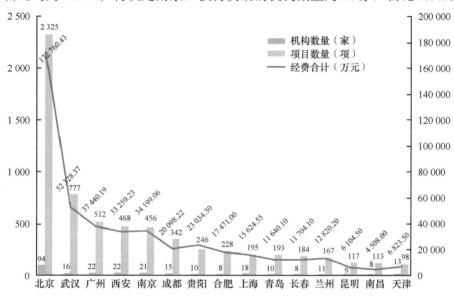

图 6-13　2014 ～ 2019 年地质类自然资源基金项目城市分布

北京获得地质类自然资源基金项目数量为 2325 项，占比 30.16%，排名第一位；其次是武汉，为 777 项，占比 10.08%；再次是广州，为 512 项，占比 6.64%。

从资助经费上看，北京为全国唯一获得地质类自然资源基金项目经费总额超过 10 亿元的城市，约为 17.28 亿元，占比达 32.99%，遥遥领先；其次是武汉，资助经费总额约为 5.23 亿元，占比 9.99%；再次是广州，资助经费总额约为 3.74 亿元，占比 7.15%。

三、土地类自然资源基金项目情况

1. 土地类自然资源基金项目逐年变化

2014 ～ 2019 年土地类自然资源基金项目逐年变化如图 6-14 所示。这 6 年里，土地类自然资源基金项目的年均资助机构数量为 275 家，其中 2019 年资助机构数量最多，为 294 家，2017 年资助机构数量最少，为 250 家。2016 年资助经费总额为 6 年最低，为 42 685.58 万元，2019 年资助经费总额最高，为 50 232.34 万元。年均资助项目数量 855 项，其中 2017 年资助项目数量最少，为 789 项，2019 年资助项目数量最多，为 1019 项。

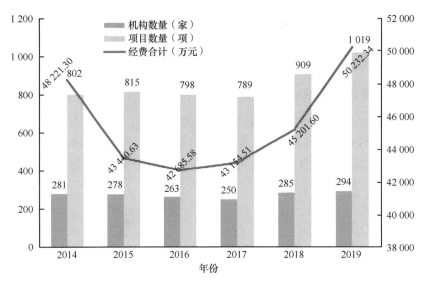

图 6-14　2014～2019 年土地类自然资源基金项目逐年变化

2. 土地类自然资源基金项目城市群分布

2014～2019 年土地类自然资源基金项目城市群分布如图 6-15 所示。京津冀城市群获得土地类自然资源基金项目的机构数量最多，达 105 家，占比 18.17%；其次是长江三角洲城市群，为 95 家，占比 16.44%；再次是长江中游城市群，为 54 家，占比 9.34%。

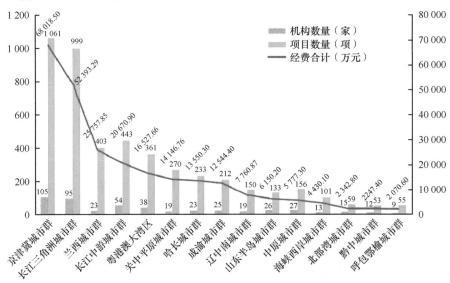

图 6-15　2014～2019 年土地类自然资源基金项目城市群分布

京津冀城市群获得土地类自然资源基金项目数量最多，达 1061 项，占比 20.67%；其次是长江三角洲城市群，为 999 项，占比 19.47%；再次是长江中游城市群，为 443 项，占比 8.63%。

京津冀城市群和长江三角洲城市群是获得资助经费总额排名前两位的城市群，且资助经费总额均超过 5 亿元，分别约为 6.80 亿元和 5.24 亿元，分别占土地类自然资源基金项目的 24.92% 和 19.2%；再次是兰西城市群，为 2.58 亿元，占土地类自然资源基金项目的 9.44%。

3. 土地类自然资源基金项目省（区、市）分布

2014～2019 年土地类自然资源基金项目省（区、市）（排名前十五位）分布如图 6-16 所示，31 个省（区、市）均获有土地类自然资源基金项目。北京获得土地类自然资源基金项目的机构数量最多，达 87 家，占比 15.05%；其次是广东，为 40 家，占比 6.92%；再次是江苏，为 39 家，占比 6.75%。

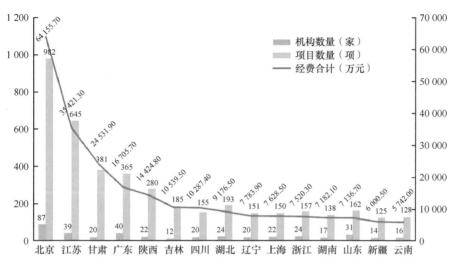

图 6-16　2014～2019 年土地类自然资源基金项目省（区、市）分布

北京获得土地类自然资源基金项目数量最多，为 982 项，占比 19.13%；其次是江苏，获得资助的项目数量为 645 项，占比 12.57%；资助数量排名第三位的为甘肃，获得资助的项目数量为 381 项，占比 7.42%。

从项目资助经费总额看，北京经费总额约为 6.42 亿元，占比 23.51%，遥遥领先。其次是江苏，约为 3.54 亿元，占比 12.98%；再次是甘肃，约为 2.45 亿元，占比 8.99%。

4. 土地类自然资源基金项目城市分布

2014～2019 年土地类自然资源基金项目城市（排名前十五位）分布如图 6-17 所示，北京是获得资助的机构数量最多的城市，达 87 家，占比 15.05%；其次是南京，为 27 家，占比 4.67%；再次是广州，为 26 家，占比 4.50%。

北京获得土地类自然资源基金项目数量为 982 项，占比 19.13%，排名第一位；其次是南京，为 594 项，占比 11.57%；资助数量排名第三位的是兰州，为 370 项，占比 7.21%。

从土地类自然资源基金项目经费总额看，北京为全国唯一经费总额超过 5 亿元的省（区、市），约为 6.42 亿元，占比 23.51%；其次是南京，约为 3.34 亿元，占比 12.25%；再次是兰州，约为 2.41 亿元，占比 8.83%。

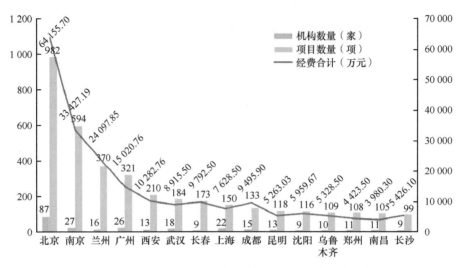

图 6-17 2014～2019 年土地类自然资源基金项目城市分布

四、测绘类自然资源基金项目情况

1. 测绘类自然资源基金项目逐年变化

2014～2019 年测绘类自然资源基金项目逐年变化见图 6-18。这 6 年里，国家自然科学基金对测绘项目的年均资助机构数量为 141 家，其中 2018 年资助机构数量最多，为 156 家，2014 年和 2017 年资助机构数量最少，均为 128 家。2016 年资助经费总额为 6 年最低，为 1.60 亿元，2015 年资助经费总额最高，为 2.26 亿元。年均资助项目数量 380 项，其中 2014 年资助项目数量最少，为 336 项，2018 年资助项目数量最多，为 427 项。

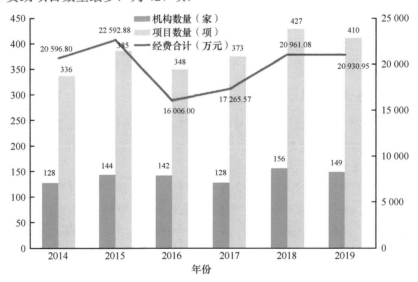

图 6-18 2014～2019 年测绘类自然资源基金项目逐年变化

2. 测绘类自然资源基金项目城市群分布

2014～2019 年测绘类自然资源基金项目城市群分布如图 6-19 所示。京津冀城市群获得国家自然科学基金资助的机构数量最多，达 89 家，占比 26.33%；其次是长江三角洲城市群，为 63 家，占比 18.64%；再次是长江中游城市群，为 32 家，占比 9.47%。

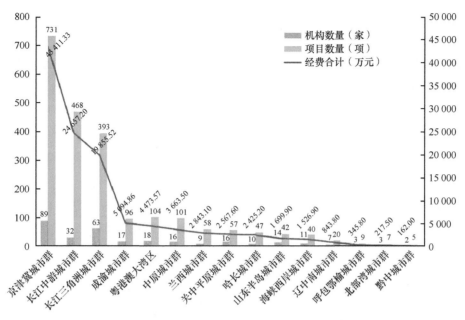

图 6-19　2014～2019 年测绘类自然资源基金项目城市群分布

京津冀城市群获得测绘类自然资源基金项目数量最多，达 731 项，占比 32.08%；其次是长江中游城市群，为 468 项，占比 20.54%；再次是长江三角洲城市群，为 393 项，占比 17.24%。

2014～2019 年京津冀城市群、长江中游城市群和长江三角洲城市群是获得资助经费总额排名前三位的城市群，且资助经费过亿元，分别约为 4.34 亿元、2.47 亿元和 1.99 亿元，占比分别为 36.68%、20.83% 和 16.78%。

3. 测绘类自然资源基金项目省（区、市）分布

2014～2019 年测绘类自然资源基金项目省（区、市）（排名前十五位）分布如图 6-20 所示，除西藏外的 30 个省（区、市）均获有测绘类自然资源基金项目。北京、江苏和湖北是获得资助的研究机构科技实力排名前三位的省（区、市）。北京获得测绘类自然资源基金项目的机构数量最多，

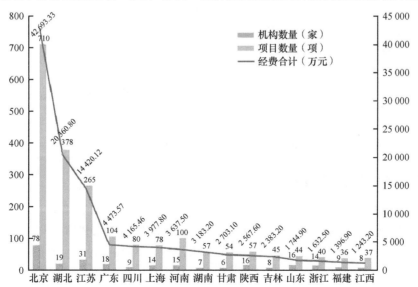

图 6-20　2014～2019 年测绘类自然资源基金项目省（区、市）分布

达 78 家，占比 23.08%；其次是江苏，为 31 家，占比 9.17%；再次是湖北，为 19 家，占比 5.62%。

北京获得测绘类自然资源基金项目数量最多，为 710 项，占比 31.15%；其次是湖北，获得资助的项目数量为 378 项，占比 16.59%；资助项目数量排名第三位的是江苏，获得资助的项目数量为 265 项，占比 11.63%。

从测绘类自然资源基金项目经费总额看，北京经费总额约为 4.27 亿元，占比 36.07%，排名第一位；其次是湖北，经费总额约为 2.04 亿元，占比 17.20%；再次是江苏，经费总额约为 1.44 亿元，占比 12.18%。

4. 测绘类自然资源基金项目城市分布

2014 ～ 2019 年测绘类自然资源基金项目城市（排名前十五位）分布见图 6-21，北京是获得资助的机构数量最多的城市，达 78 家，占比 23.08%；其次是南京，为 22 家，占比 6.51%；再次是武汉，为 17 家，占比 5.03%。

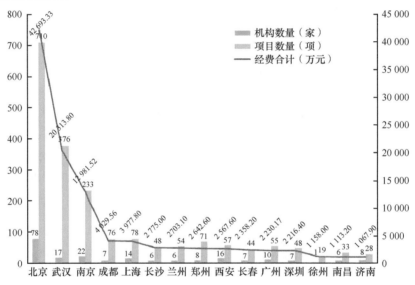

图 6-21　2014 ～ 2019 年测绘类自然资源基金项目城市分布

北京获得测绘类自然资源基金项目数量为 710 项，占比 31.15%，排名第一位；其次是武汉，为 376 项，占比 16.50%，再次是南京，为 233 项，占比 10.22%。

从测绘类自然资源基金项目经费总额看，北京经费总额约为 4.27 亿元，占比 36.07%；其次是武汉，经费总额约为 2.03 亿元，占比 17.16%；再次为南京，经费总额约为 1.30 亿元，占比 10.97%。

五、矿产类自然资源基金项目情况

1. 矿产类自然资源基金项目逐年变化

2014 ～ 2019 年矿产类自然资源基金项目逐年变化见图 6-22。这 6 年里，国家自然科学基金对矿产类项目的年均资助机构数量为 89 家，其中 2019 年资助机构数量最多，为 110 家，2014 年资助机构数量最少，为 79 家。2014 年资助经费总额 6 年最低，为 10 629.00 万元，2018 年资助经费总额最高，为 18 808.09 万元。年均资助项目数量为 205 项，其中 2014 年资助项目数量最少，为 162 项，2019 年资助项目数量最多，为 253 项。

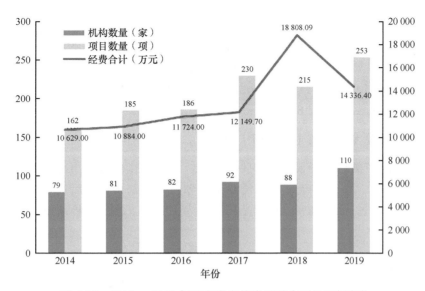

图 6-22　2014 ～ 2019 年矿产类自然资源基金项目逐年变化

2. 矿产类自然资源基金项目城市群分布

2014 ～ 2019 年矿产类自然资源基金项目城市群分布如图 6-23 所示。京津冀城市群获得矿产类自然资源基金项目的机构数量最多，为 43 家，占比 19.72%；其次是长江三角洲城市群，为 36 家，占比 16.51%；再次是长江中游城市群，为 26 家，占比 11.93%。

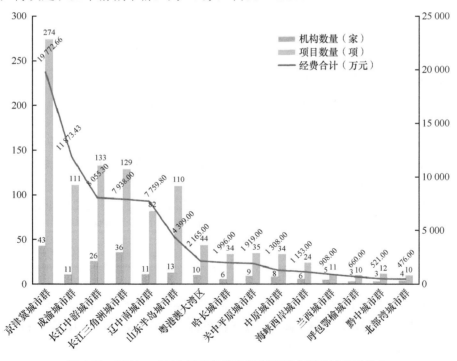

图 6-23　2014 ～ 2019 年矿产类自然资源基金项目城市群分布

京津冀城市群获得矿产类自然资源基金项目数量最多，为 274 项，占比 22.26%；其次是长江中游城市群，为 133 项，占比 10.80%；再次是长江三角洲城市群，为 129 项，占比 10.48%。

2014～2019 年京津冀城市群和成渝城市群是获得资助经费总额排名前两位的城市群，且资助经费过亿元，分别约为 1.98 亿元和 1.19 亿元，占比分别为 25.18% 和 15.12%。排名第三位的是长江中游城市群，获得资助经费总额 8055.30 万元，占比 10.26%。

3. 矿产类自然资源基金项目省（区、市）分布

2014～2019 年矿产类自然资源基金项目省（区、市）（排名前十五位）分布如图 6-24 所示，除西藏外的 30 个省（区、市）均获有自然资源基金项目。北京获得矿产类自然资源基金项目的机构数量最多，达 32 家，占比 14.68%；其次是江苏，为 16 家，占比 7.34%；再次是山东，为 15 家，占比 6.88%。

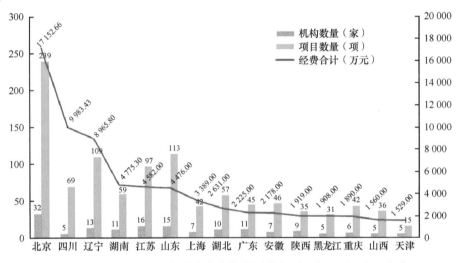

图 6-24　2014～2019 年矿产类自然资源基金项目省（区、市）分布

北京获得资助的矿产类自然资源基金项目数量最多，为 239 项，占比 19.42%；其次是山东，获得资助的项目数量为 113 项，占比 9.18%；再次是辽宁，获得资助的项目数量为 109 项，占比 8.85%。

北京获得矿产类自然资源基金项目经费总额为 17 152.66 万元，占比 21.84%，排名第一位；其次是四川，经费总额为 9983.43 万元，占比 12.71%；再次是辽宁，经费总额为 8965.80 万元，占比 11.42%。

4. 矿产类自然资源基金项目城市分布

2014～2019 年矿产类自然资源基金项目城市（排名前十五位）分布如图 6-25 所示，北京是获得资助的机构数量最多的城市，达 32 家，占比 14.68%；其次是武汉，为 10 家，占比 4.59%；再次是西安，为 9 家，占比 4.13%。

北京获得资助的矿产类自然资源基金项目数量为 239 项，占比 19.42%，排名第一位；其次是青岛，为 72 项，占比 5.85%；再次是沈阳，为 59 项，占比 4.79%。

北京获得矿产类自然资源基金项目经费总额 17 152.66 万元，占比 21.84%；其次是成都，经费总额为 7974.43 万元，占比 10.15%；再次是沈阳，经费总额为 6750.10 万元，占比 8.60%。

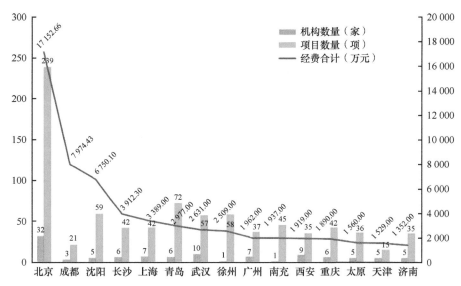

图 6-25　2014 ～ 2019 年矿产类自然资源基金项目城市分布

第三部分

区 域 篇

第七章　长江经济带自然资源科技创新评价分析

《长江经济带发展规划纲要》围绕"生态优先、绿色发展"的基本思路，确立了长江经济带"一轴、两翼、三极、多点"的发展新格局；《长三角科技创新共同体建设发展规划》也提出要协同提升自主创新能力、构建开放融合的创新生态环境、共同推进开放创新以推动长三角科技创新共同体建设。

根据 2019 年长江经济带 11 个省（市）的自然资源科技创新指数得分，将其分为 4 个梯次，各梯次自然资源科技创新能力分布梯次分明，第一梯次为浙江、湖北，其自然资源科技创新指数得分超过 60，第二梯次包括江苏、四川、上海、重庆，其自然资源科技创新指数得分为 30～55，位于第三梯次的是贵州、云南和湖南，江西和安徽则位居第四梯次。比较来看，长江经济带各省（市）自然资源科技创新能力优劣势明显。

第一节　长江经济带自然资源科技创新综合评价

一、自然资源科技创新梯次分明

根据 2019 年长江经济带区域自然资源科技创新指数得分，将 11 个省（市）分为 4 个梯次，如表 7-1 所示。第一梯次为浙江和湖北，其自然资源科技创新指数得分超过 60，分别为 62.89 和 62.74；第二梯次包括江苏、四川、上海、重庆，其自然资源科技创新指数得分为 30～55，分别为 51.45、43.14、35.50 和 30.50；位于第三梯次的是贵州、云南和湖南，其自然资源科技创新指数得分分别为 29.31、28.77、22.01；位于第四梯次的是江西和安徽，其自然资源科技创新指数得分较低，分别为 15.76 和 11.92。

表 7-1　2019 年长江经济带区域自然资源科技创新指数与分指数得分及创新投入产出比

省（市）	综合指数	分指数				创新投入产出比
	区域自然资源科技创新（a）	创新资源（b_1）	创新环境（b_2）	创新绩效（b_3）	知识创造（b_4）	
浙江	62.89	61.47	39.30	78.28	72.53	1.50
湖北	62.74	65.81	62.53	34.61	87.99	0.96
江苏	51.45	65.46	44.26	20.67	75.42	0.88
四川	43.14	52.16	61.19	17.84	41.39	0.52
上海	35.50	76.72	20.43	8.57	36.28	0.46
重庆	30.50	27.80	52.87	7.33	34.01	0.51
贵州	29.31	46.11	35.97	8.31	26.87	0.43
云南	28.77	28.20	56.64	4.87	25.36	0.36
湖南	22.01	8.03	66.35	2.66	10.99	0.18
江西	15.76	16.71	41.69	1.40	3.24	0.08
安徽	11.92	17.82	27.97	0.39	1.51	0.04

从 2019 年长江经济带区域自然资源科技创新指数得分的空间分布来看，第一梯次两个省处于分散状态，第二梯次分布在长江三角洲和西部地区，第三梯次和第四梯次处于连续分布状态，如图 7-1 所示。

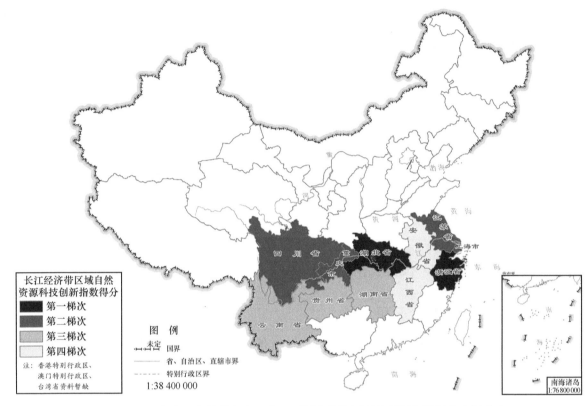

图 7-1　2019 年长江经济带各省（市）区域自然资源科技创新指数得分空间分布

二、各省（市）自然资源科技创新优劣势明显

从长江经济带各省（市）自然资源科技创新指数得分来看，超过平均分的有 4 个省，分别是浙江、湖北、江苏和四川，如图 7-2 所示。从分指数上看，各省（市）都有自己的优势和劣势。以上海为例，创新资源分指数得分很高，为 76.72，说明上海具有丰富的创新资源。然而，上海的创新环境分指数得分只有 20.43，位于长江经济带省（市）的末位，这说明上海在创新环境上还有很大

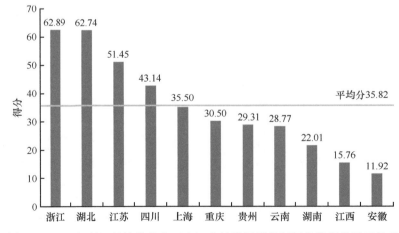

图 7-2　2019 年长江经济带各省（市）自然资源科技创新指数得分及平均分

的发展空间。而湖南则在创新环境上表现良好，得分为66.35，排名第一位，但湖南的创新资源分指数得分仅为8.03，排名末位，这导致湖南的总体得分相对较低。

第二节 长江经济带自然资源科技创新分指数评价

一、创新资源分指数东部沿海领先

从创新资源分指数来看，2019年创新资源分指数得分超过长江经济带11个省（市）平均分（42.39）的有上海、湖北、江苏、浙江、四川和贵州，如图7-3所示。其中，上海的创新资源分指数得分最高，为76.72，这主要得益于较高的研究与发展经费投入强度和科技活动经费支出；湖北的创新资源分指数得分为65.81，该地区拥有较高的R&D人员中博士和硕士学历人员占比及科技人力资源扩展能力；江苏的创新资源分指数得分为65.46，其主要贡献来自该地区较高的研究与发展人力投入强度及R&D人员中博士和硕士学历人员占比；浙江的创新资源分指数得分为61.47，与江苏类似，该地区具有较高的研究与发展人力投入强度及R&D人员中博士和硕士学历人员占比；四川的创新资源分指数得分为52.16，这主要得益于科技活动经费支出和科技人力资源扩展能力较强；贵州的创新资源分指数得分为46.11，这主要得益于较高的科技人力资源扩展能力。

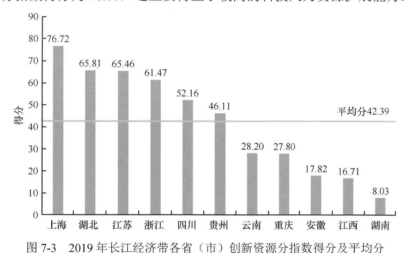

图7-3 2019年长江经济带各省（市）创新资源分指数得分及平均分

二、创新环境分指数中上游地区较高

从创新环境分指数来看，2019年创新环境分指数得分明显以50为分界线，超过11个省（市）平均分（46.29）的为湖南、湖北、四川、云南和重庆，得分也超过了50，如图7-4所示。其中，湖南的创新环境分指数得分为66.35，这主要得益于较高的机构管理水平，并且自然资源领域科研机构规模较大；湖北的创新环境分指数得分为62.53，与其他地区相比具有明显的领先优势，这主要得益于自然资源系统R&D人员数量和高水平科研平台数量较多及机构管理水平较高；四川的创新环境分指数得分为61.19，机构管理水平和自然资源系统R&D人员数量对该分指数做出了主要贡献；云南的创新环境分指数得分为56.64，该地区具有较大的自然资源领域科研机构规模和较高的R&D经费中企业资金的占比；重庆的创新环境分指数得分为52.87，其主要贡献来自较高的R&D经费中企业资金的占比和较大的自然资源领域科研机构规模。

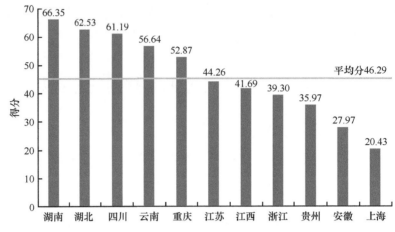

图 7-4   2019 年长江经济带各省（市）创新环境分指数得分及平均分

三、创新绩效分指数两梯次差异显著

根据创新绩效分指数得分，2019 年长江经济带 11 个省（市）以创新绩效分指数得分的平均分为界线分为正向贡献梯次和负向贡献梯次，两梯次差异显著，如图 7-5 所示。超过 11 个省（市）平均分（16.81）的是正向贡献梯次，包含浙江、湖北、江苏和四川，低于平均分的是负向贡献梯次，包含上海、贵州、重庆、云南、湖南、江西和安徽。

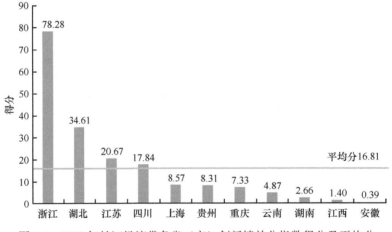

图 7-5   2019 年长江经济带各省（市）创新绩效分指数得分及平均分

长江经济带 11 个省（市）的创新绩效分指数整体得分在 4 个分指数中偏低，且差距较大，两极分化较为明显。其中，浙江的创新绩效分指数得分为 78.28，远高于其他地区，是第二名湖北得分的 2.26 倍，得分最低的安徽与之有着数量级的差距，其主要贡献来自有效发明专利产出效率、科技成果转化收入和科技成果转化效率；湖北的创新绩效分指数得分为 34.61，该地区技术市场成交额较高；江苏的创新绩效分指数得分为 20.67，主要得益于该地区有效发明专利产出效率较高；四川的创新绩效分指数得分为 17.84，其主要贡献来自技术市场成交额。

四、知识创造分指数呈阶梯状分布

2019 年长江经济带 11 个省（市）的知识创造分指数呈阶梯状分布，如图 7-6 所示，得分超过平均分（37.78）的是湖北、江苏、浙江和四川。其中，湖北、江苏、浙江得分位于最高层阶梯；四川、上海、重庆是次高层阶梯；贵州和云南位于第三层阶梯；湖南、江西、安徽分别单独占一层阶梯，这三个地区得分较低。

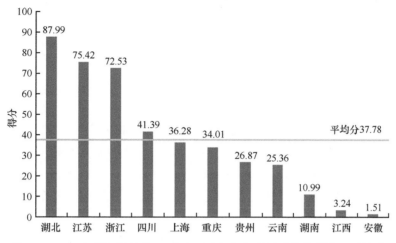

图 7-6　2019 年长江经济带 11 个省（市）知识创造分指数得分及平均分

　　湖北的知识创造分指数得分为 87.99，主要得益于较高的科技著作出版量和科技论文发表量；江苏的知识创造分指数得分为 75.42，软件著作权较多；浙江的知识创造分指数得分为 72.53，其主要贡献来自专利申请量和发明专利授权量，该地区的自然资源科技创新知识创造能力较强；四川的知识创造分指数得分为 41.39，主要得益于其较高的科技著作出版量。

第八章　黄河生态带自然资源科技创新评价分析

黄河流经青海、四川、甘肃、宁夏、内蒙古、山西、陕西、河南和山东9个省（区），全长5464km，流域面积75万km²，是我国仅次于长江的第二长河，是中华文明的主要发祥地，也是我国重要的生态屏障、重要的经济地带、打赢脱贫攻坚战和巩固好高水平全面建成小康社会成果的重要区域，战略地位十分重要。如今，黄河流域生态保护和高质量发展，同京津冀协同发展、长江经济带发展、粤港澳大湾区建设、长三角一体化发展一样，上升为重大国家战略。

黄河生态带发展的进程中自然资源的重要作用不言而喻，在自然资源科技创新领域着力提升科技创新能力、取得原创性和突破性的成果、实现高水平科技自立自强，将全面推动黄河流域生态建设和高质量发展。

2019年黄河生态带各省（区）自然资源科技创新能力区域差距较大，大体呈现"两头强，中间弱"的空间布局。

第一节　黄河生态带自然资源科技创新综合评价

一、自然资源科技创新能力区域差距较大

2019年黄河生态带9个省（区）的自然资源科技创新能力依据自然资源科技创新指数得分情况可分为4个梯次，各梯次间存在较大差距，如表8-1所示。第一梯次为山东，其自然资源科技创新指数得分为92.12，远超其他地区，是整个黄河生态带平均分（28.69）的3.21倍；第二梯次为四川，其自然资源科技创新指数得分为44.09，仍然高于平均分，具备较强的自然资源科技创新能力；第三梯次为甘肃、河南、陕西和青海，其自然资源科技创新指数得分低于平均分但高于平均分的60%，分别为28.49、23.86、23.84和18.25，综合创新能力相对稍弱；第四梯次为山西、内蒙古和宁夏，其自然资源科技创新指数得分较低，分别为14.13、7.49和5.91，这些地区自然资源科技创新领域自身发展动力远不如其他省（区），尤其是宁夏，其科技创新对于自然资源的依赖性较强，急需强化战略引领、找准创新发展的方向路径，通过提升自然资源科技创新能力推动地区综合创新发展。

表8-1　2019年黄河生态带各省（区）区域自然资源科技创新指数与分指数得分

省（区）	综合指数	分指数				创新投入产出比
	区域自然资源科技创新（a）	创新资源（b_1）	创新环境（b_2）	创新绩效（b_3）	知识创造（b_4）	
山东	92.12	100.00	73.91	94.56	100.00	1.12
四川	44.09	48.80	55.43	50.09	22.05	0.69
甘肃	28.49	38.39	37.77	16.29	21.51	0.50
河南	23.86	17.71	55.22	9.18	13.34	0.31
陕西	23.84	40.06	20.06	14.41	20.82	0.59
青海	18.25	24.35	12.45	26.27	9.93	0.98
山西	14.13	22.21	30.17	2.82	1.30	0.08
内蒙古	7.49	9.30	13.18	6.66	0.83	0.33
宁夏	5.91	10.32	11.38	0.09	1.84	0.09

二、自然资源科技创新能力呈"两头强，中间弱"的空间布局

黄河生态带各省（区）的自然资源科技创新指数得分如图 8-1 和图 8-2 所示，能力较强的山东和四川分别位于黄河生态带的两端，中部地区相对较弱，大体呈现"两头强，中间弱"的空间格局。2019 年山东自然资源科技创新指数得分居于黄河生态带 9 个省（区）首位，且 4 个分指数的得分均远超其他省（区），表明山东的自然资源科技创新能力较强。除丰富的自然资源与较好的产业发展基础之外，黄河战略也为山东的发展提供了广阔的空间和舞台。2009 年 12 月，国务院通过了《黄河三角洲高效生态经济区发展规划》并指出，黄河三角洲的开发建设正式上升为国家战略。在该规划的指导下，黄河三角洲地区主要经济指标迅猛增长，这也为山东自然资源科技创新能力的提升提

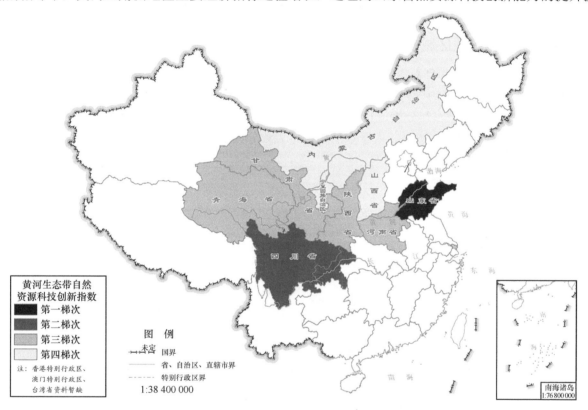

图 8-1　2019 年黄河生态带各省（区）自然资源科技创新指数梯次分布

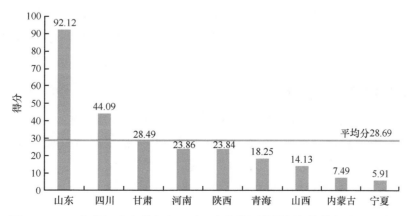

图 8-2　2019 年黄河生态带各省（区）自然资源科技创新指数得分及平均分

供了支撑。

位于第二梯次的四川自然资源科技创新指数得分明显低于山东但高于平均分（28.69），说明该地区具备一定的自然资源科技创新基础和创新环境，自然资源科技创新能力较强，长期以来也积累了一定的科技创新资源。位于第三梯次的甘肃、河南、陕西和青海的自然资源科技创新指数得分虽低于黄河生态带9个省（区）的平均分，但高于平均分的60%，其中甘肃得分与平均分之间仅差0.2分，表明这些地区的自然资源科技创新能力虽弱但极具潜力。位于第四梯次的山西、内蒙古和宁夏的自然资源科技创新指数得分较低，是黄河生态带自然资源科技创新能力最弱的地区。

第二节　黄河生态带自然资源科技创新分指数评价

一、创新资源分指数区域差异明显

从2019年黄河生态带创新资源分指数得分情况来看，各省（区）得分差异明显。如图8-3所示，得分超过9个省（区）平均分的有山东、四川、陕西和甘肃，其中陕西与甘肃得分接近，青海和山西得分接近，宁夏和内蒙古得分接近且同处最后一层阶梯。9个省（区）得分按照山东、四川、陕西、甘肃、青海、山西、河南、宁夏、内蒙古的顺序可大致分为6层阶梯。

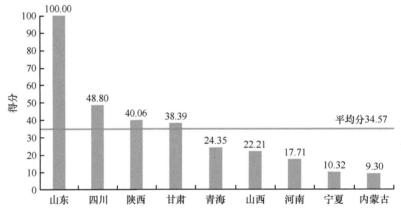

图 8-3　2019 年黄河生态带各省（区）创新资源分指数得分及平均分

2019年山东的创新资源分指数得分为100.00，远高于其他省（区），各项指标得分均居黄河生态带首位；四川的创新资源分指数得分为48.80，其研究与发展经费投入强度较高，科技人力资源扩展能力较强；陕西的创新资源分指数得分为40.06，主要贡献来自R&D人员中博士和硕士学历人员的高占比及高强度的研究与发展人力投入；甘肃的创新资源分指数得分为38.39，也具备较高的R&D人员中博士和硕士学历人员占比。

二、创新环境分指数呈阶梯状分布

从2019年黄河生态带创新环境分指数得分情况来看，各省（区）得分呈现明显的阶梯状分布，如图8-4所示。山东得分远高于其他省（区），位于第一层阶梯；四川、河南得分相近，明显低于山东但远高于平均分，位于第二层阶梯；甘肃得分略高于平均分，位于第三层阶梯；山西、陕西得分均低于平均分，但得分差距较大，故分别位于第四、五层阶梯；内蒙古、青海与宁夏得分相近，共同位于第六层阶梯。

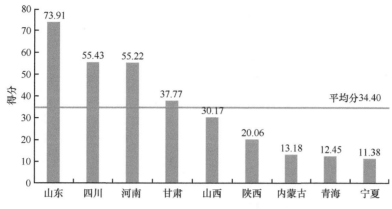

图 8-4　2019 年黄河生态带各省（区）创新环境分指数得分及平均分

2019 年，山东的创新环境分指数得分为 73.91，与其他省（区）相比具有明显的领先优势，山东的科学仪器设备占资产的比例较高、自然资源领域科研机构规模较大、自然资源系统 R&D 人员数量和高水平科研平台数量较多；四川的创新环境分指数得分为 55.43，该地区自然资源领域科研机构规模较大，且机构管理水平较高；河南的创新环境分指数得分为 55.22，主要得益于较高的机构管理水平与较大的自然资源领域科研机构规模；山西和甘肃则分别具备黄河生态带内最高的 R&D 经费中企业资金的占比与最多的高水平科研平台数量。

在构成自然资源科技创新指数的 4 个分指数中，创新环境分指数的得分较低，故黄河生态带 9 个省（区）整体科技创新环境不佳。纵观构成创新环境分指数的 6 个指标，地区间高水平科研平台数量这一指标的差距太大，故积极建设高水平科研平台可以均衡地改善黄河生态带现有的自然资源创新环境，吸引更多高层次人才、保证科学仪器设备的引进与更新，从而促进创新环境质量的提高；另外，针对当前我国的国家实验室体系比较薄弱、高级别的国家实验室较少的现状，根据一些发达国家的经验，可以考虑将政府的一些实验室建立在高校，高校和企业也可以合作共建实验室。但目前黄河生态带 R&D 经费中企业资金的占比较低，即便是创新环境分指数得分排名最高的山东，R&D 经费中企业资金的占比也不足 10%，故应通过加强政府与企业、企业与高校之间的沟通合作来吸引更多的企业资金，从而改善现有创新环境。

三、创新绩效分指数呈现两极分化

黄河生态带自然资源科技创新绩效发展两极分化严重，如图 8-5 所示，排名靠前的山东与排名靠后的山西、宁夏等省（区）创新绩效分指数得分之间差距极大。

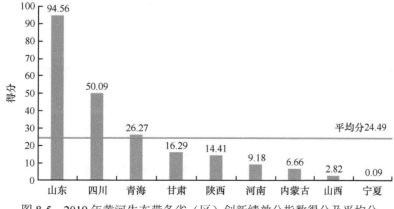

图 8-5　2019 年黄河生态带各省（区）创新绩效分指数得分及平均分

　　山东创新绩效分指数得分为94.56，远高于9个省（区）的平均分（24.49），出色的科技成果转化能力与较高的技术市场成交额为其提供了正贡献；四川创新绩效分指数得分为50.09，该地区科技成果转化收入和科技成果转化效率较高；青海的创新绩效分指数得分为26.27，略高于平均分，但该地区的有效发明专利产出效率在黄河生态带中处于领先地位。

　　长期以来，黄河流域的经济发展方式以农业生产、能源开发为主，这些经济发展方式与该流域资源环境特点和环境承载能力不相适应，且黄河流域多数地区有效发明专利产出效率、科技成果转化收入、科技成果转化效率与技术市场成交额普遍低于全国平均水平。这反映了黄河流域发展不平衡、多数地区科技创新能力对自然资源的依赖度较高的现状，且其科研能力较弱、投入较少，对自然资源科技创新绩效产生的负影响也较为明显。所以，提高科技资源的投入产出效率，将科技与经济深度融合，逐步提高自主创新能力，加快发展方式转变，是黄河生态带科技创新发展的主要方向。

四、知识创造分指数呈断层状递减

　　2019 年，黄河生态带的知识创造分指数得分呈断层状递减，如图 8-6 所示，山东得分为100.00，以绝对优势远超其他 8 个省（区），位于第一阶梯；略高于平均分（21.29）的四川、甘肃与略低于平均分的陕西（20.82）共同位于第二阶梯；河南与青海的得分低于平均分且差距较大，分别位于第三、四阶梯；宁夏、山西与内蒙古得分较低，位于第五阶梯。

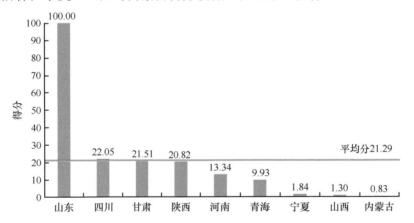

图 8-6　2019 年黄河生态带各省（区）知识创造分指数得分及平均分

　　山东的知识创造分指数得分是平均分的 4.70 倍，该地区的专利申请量、发明专利授权量、本年科技著作出版量、科技论文发表量和软件著作权量均遥遥领先于黄河生态带其他省（区），故山东的自然资源科技创新知识创造能力较强；四川与甘肃知识创造分指数得分分别为 22.05 与 21.51，两省的知识创造分指数包含的各项指标发展均衡，未来有望实现向好发展；陕西知识创造分指数得分为 20.82，该地区软件著作权量较高，但专利申请量、R&D 人员的发明专利授权量、本年科技著作出版量、科研人员的科技论文发表量均较少；河南与青海的各项指标发展情况均较差；宁夏、山西及内蒙古的部分指标发展停滞。

　　黄河生态带内除山东外，其余 8 个省（区）的知识创造分指数得分普遍较低，故山东应充分发挥半岛城市群龙头作用，作为推进沿黄省（区）生态保护和高质量发展的主线，紧扣生态保护和高质量发展两个关键，充分发挥五大优势，加强省际联动，主动融入服务黄河战略发展大局。除此之外，在提高知识创造能力的同时，各省（区）必须考虑知识创造需要的成本与面临的风险；更重要的是，在增进区域互惠合作的同时，各省（区）需要全面加强对知识创造和知识产权的保护。

第九章 我国沿海地区自然资源科技创新评价分析

沿海地区指有海岸线的地区。《中国海洋统计年鉴》对沿海地区的定义是：有海岸线（大陆岸线和岛屿岸线）的地区，按行政区划分为沿海省、自治区、直辖市。我国有8个沿海省、1个沿海自治区、2个沿海直辖市；53个沿海城市、242个沿海县（区）。这里以我国的8个沿海省、1个沿海自治区、2个沿海直辖市组成的11个地区为评价单元，包括广东、上海、天津、江苏、山东、辽宁、福建、河北、浙江、海南和广西。

从我国沿海省（区、市）的自然资源科技创新指数来看，2019年我国11个沿海省（区、市）可分为4个梯次：第一梯次为广东；第二梯次为山东、浙江、辽宁和江苏；第三梯次包括福建、上海和天津；第四梯次为河北、海南和广西。山东作为沿海创新带与黄河生态带的交会省份，其自然资源科技创新能力较强，创新资源和知识创造优势突出。浙江、江苏和上海是沿海创新带与长江经济带的交会省（市），分别位列沿海省（市）的第三、第五和第七位，在11个沿海省（区、市）中，浙江和江苏的自然资源科技创新能力较为突出。

五大经济区自然资源科技创新能力较强的地区为珠江三角洲经济区、长江三角洲经济区和环渤海经济区。珠江三角洲经济区凭借其显著的自然资源科技创新的资源、环境和产出优势位居第一，自然资源科技创新能力较强。环渤海经济区山东的引领和辐射作用明显，带动了中部省（市）如天津和河北的发展。

我国三大海洋经济圈自然资源科技创新指数呈现东部、北部强而南部弱的特点。东部海洋经济圈的区域自然资源科技创新指数较高，表现出很强的原始创新能力，北部海洋经济圈居中，经济发展基础雄厚、科研教育优势突出，南部海洋经济圈得分最低，提升空间较大。

第一节 沿海省（区、市）自然资源科技创新综合评价

一、自然资源科技创新梯次分明

根据沿海省（区、市）的自然资源科技创新指数得分（表9-1），可将我国11个沿海省（区、市）划分为4个梯次，南北差异较大，如图9-1所示。第一梯次为广东，自然资源科技创新指数得分为72.41，如图9-2所示，相当于11个沿海省（区、市）平均分（32.09）的2.26倍，连续三年居于我国11个沿海省（区、市）首位，其自然资源科技创新发展具备坚实的基础，表现出很强的原始创新能力，并且能力不断提升。

表 9-1 沿海省（区、市）的自然资源科技创新指数与分指数得分

沿海省（区、市）	综合指数	分指数			
	自然资源科技创新（A）	创新资源（B_1）	创新环境（B_2）	创新绩效（B_3）	知识创造（B_4）
广东	72.41	75.09	100.00	40.99	73.58
山东	56.38	61.43	48.26	42.76	73.07
浙江	48.97	37.15	28.35	79.26	51.10
辽宁	38.07	46.88	25.69	37.69	42.01
江苏	32.84	35.77	29.24	20.75	45.59

续表

沿海省（区、市）	综合指数	分指数			
	自然资源科技创新（A）	创新资源（B_1）	创新环境（B_2）	创新绩效（B_3）	知识创造（B_4）
福建	22.34	20.52	41.32	10.32	17.20
上海	21.92	44.62	15.09	8.04	19.94
天津	20.50	35.42	28.60	6.02	11.96
河北	14.47	14.65	16.69	13.39	13.16
海南	12.86	16.38	9.84	9.93	15.30
广西	12.25	7.90	16.83	7.34	16.94

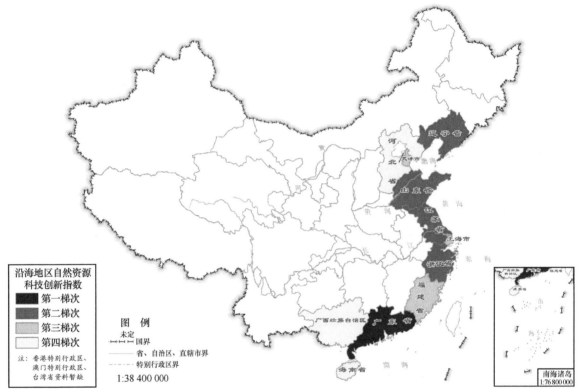

图 9-1　2019 年 11 个沿海省（区、市）自然资源科技创新指数梯次分布

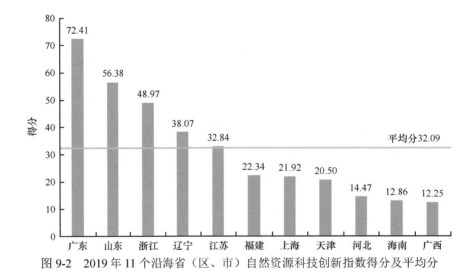

图 9-2　2019 年 11 个沿海省（区、市）自然资源科技创新指数得分及平均分

第二梯次为山东、浙江、辽宁和江苏，自然资源科技创新指数得分分别为 56.38、48.97、38.07 和 32.84，各省得分差距较大。其中，山东得分相当于 11 个沿海省（区、市）平均分的 1.76 倍，连续两年居于我国 11 个沿海省（区、市）第二位，在自然资源领域有一定的科技创新基础，长期以来积累了大量的创新资源，创新环境较好，因此山东可以利用其所在沿海创新带自然资源科技创新的资源和产出优势，作为中心城市发挥引领和辐射作用，带动中部省（市）经济发展，加强各省（市）间的互通合作，以缩小差距，实现纵横带动，整体提升沿海创新带自然资源科技创新水平。而浙江和辽宁的创新环境劣势明显，江苏的创新绩效有待提高。浙江和江苏作为两个交汇省各有优势和短板，因此可以在沿海创新带形成内部的优势互补、联合开发，带动沿海创新带整体自然资源科技创新能力的提升。

第三梯次包括福建、上海和天津，自然资源科技创新指数得分分别为 22.34、21.92 和 20.50，其中福建的创新资源相对缺乏，知识创造能力也有待提高，上海的创新环境和创新绩效亟待提升，天津创新绩效得分最低，上升空间较大。第四梯次为河北、海南和广西，自然资源科技创新指数得分分别为 14.47、12.86 和 12.25，均低于平均分，且与其他沿海省（区、市）差距较大。

从创新资源分指数来看，2019 年 11 个沿海省（区、市）得分整体水平较高，得分超过 11 个沿海省（区、市）平均分（35.98）的有广东、山东、辽宁、上海和浙江（图 9-3）。其中，广东得分为 75.09，山东得分为 61.43，远高于其他省（区）得分和平均分；辽宁、上海和浙江得分分别为 46.88、44.62 和 37.15。广东创新资源分指数得分排在第一位，主要是由于其科技人力资源扩展能力和科技活动经费支出表现突出。山东创新资源分指数得分位列第二，这主要得益于其较大的研究与发展人力投入强度和较高的 R&D 人员中博士和硕士学历人员占比。上海的自然资源科技创新资源丰富，作为长江经济带沿江绿色发展轴的三大核心城市之一，在推动经济发展方面发挥着重要作用。11 个沿海省（区、市）中有 6 个的创新资源分指数得分低于平均分，说明区域差异较大。

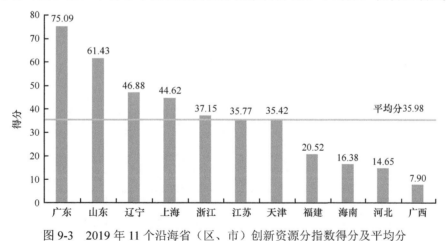

图 9-3　2019 年 11 个沿海省（区、市）创新资源分指数得分及平均分

从创新环境分指数来看，2019 年 11 个沿海省（区、市）得分呈现断层式分布，如图 9-4 所示，超过平均分（32.72）的沿海省（区、市）有广东、山东和福建。其中，广东得分为 100.00，是第二名山东得分的 2 倍以上，超过平均分的 3 倍，这主要是由于与其他沿海省（区、市）相比，其 R&D 经费中企业资金的占比、自然资源领域科研机构规模、自然资源系统 R&D 人员数量、机构管理水平都占有明显优势，体现出广东雄厚的创新资源、资金支持和高超的管理水平，且与 2018 年相比，其创新环境分指数有了明显增长，这主要是由于其各项指标都有了进一步的提升。

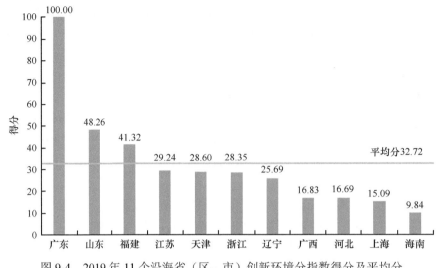

图 9-4　2019 年 11 个沿海省（区、市）创新环境分指数得分及平均分

从创新绩效分指数来看，2019 年 11 个沿海省（区、市）得分超过平均分（25.14）的有浙江、山东、广东和辽宁（图 9-5）。其中，浙江得分为 79.26，排名第一位，这主要得益于其较高的有效发明专利产出效率、科技成果转化效率和科技成果转化收入。在科技成果转化收入方面，与其他沿海省（区、市）相比，山东具有显著的优势，其技术市场成交额也较高，因此位居第二位。广东的技术市场成交额虽最高，但是其他指标得分较低，导致其创新绩效分指数得分排名第三位。

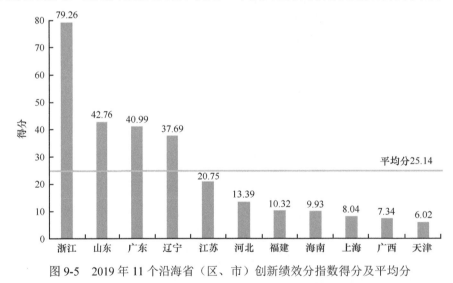

图 9-5　2019 年 11 个沿海省（区、市）创新绩效分指数得分及平均分

从知识创造分指数来看，2019 年 11 个沿海省（区、市）得分超过平均分（34.53）的有广东、山东、浙江、江苏和辽宁（图 9-6）。广东得分为 73.58，山东得分为 73.07，与其他沿海省（区、市）相比有较为明显的优势，其中广东的知识创造分指数得分排名第一位，主要得益于较高的专利申请量和软件著作权量，山东的知识创造分指数得分排在第二位，主要是由于其本年科技著作出版量和万名科研人员发表的科技论文数表现突出。浙江、江苏和辽宁的得分分别为 51.10、45.59 和 42.01。11 个沿海省（区、市）中有 6 个的知识创造分指数得分低于平均分，且与前五名的得分差距较大，这说明知识创造方面区域发展不平衡，呈现两极分化态势。

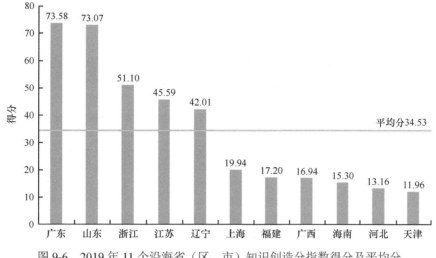

图 9-6　2019 年 11 个沿海省（区、市）知识创造分指数得分及平均分

二、区域自然资源科技创新能力与经济发展水平强相关

区域自然资源科技创新能力与经济发展水平有密切的联系。由 11 个沿海省（区、市）的自然资源科技创新指数与反映地区经济发展水平的地区人均生产总值的关系示意图（图 9-7）可知，第一象限有广东和浙江，这一象限的地区人均生产总值较高，并且区域自然资源科技创新指数高于全国平均水平；山东和辽宁位于第二象限，这一象限的地区人均生产总值较低，但区域自然资源科技创新指数高于全国平均水平；第三象限包括河北、海南和广西，这一象限的地区人均生产总值较低，并且区域自然资源科技创新指数也低于全国平均水平，说明这些地区的经济发展水平和自然资源科技创新能力均需提升，即在提升自然资源科技创新能力的同时，还需要提高经济发展水平；福建、江苏、天津和上海位于第四象限，这一象限的地区人均生产总值较高，但区域自然资源科技创新指数低于全国平均水平，说明区域自然资源科技创新具备较大的提升空间。

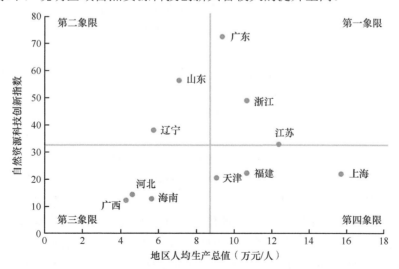

图 9-7　11 个沿海省（区、市）的自然资源科技创新指数与地区人均生产总值的关系示意图

第二节 五大经济区自然资源科技创新各具特点

经测算得到珠江三角洲经济区、长江三角洲经济区、环渤海经济区、海峡西岸经济区和环北部湾经济区自然资源科技创新指数得分，如表 9-2 所示，具体分析如下。

表 9-2 我国五大经济区的自然资源科技创新指数与分指数得分

经济区	综合指数	分指数			
	自然资源科技创新（A）	创新资源（B_1）	创新环境（B_2）	创新绩效（B_3）	知识创造（B_4）
珠江三角洲经济区	72.41	75.09	100.00	40.99	73.58
长江三角洲经济区	34.57	39.18	24.23	36.02	38.88
环渤海经济区	32.35	39.59	29.81	24.96	35.05
海峡西岸经济区	22.34	20.52	41.32	10.32	17.20
环北部湾经济区	12.56	12.14	13.33	8.64	16.12
平均	34.85	37.30	41.74	24.19	36.17

珠江三角洲经济区主要是指我国南部的广东，与香港、澳门接壤，科技力量与人才资源雄厚，海洋资源丰富，是我国经济发展最快的地区之一。横向比较来看，珠江三角洲经济区的自然资源科技创新指数得分为 72.41，远高于五大经济区的平均分，在五大经济区中居于首位，该经济区创新环境优越、创新资源密集、知识创造硕果累累、创新绩效优势突出。

长江三角洲经济区位于我国东部沿海、沿江地带交汇处，区位优势突出，经济实力雄厚。长江三角洲经济区以上海为核心，以技术型工业为主，技术力量雄厚、前景好、政府支持力度大、环境优越、教育发展好、人才资源充足，是我国最具发展活力的沿海地区。横向比较来看，长江三角洲经济区的自然资源科技创新指数得分为 34.57，略低于五大经济区的平均分，创新资源、创新绩效和知识创造分指数得分高于五大经济区的平均分，创新资源丰富，自然资源科技创新能力较强，但创新环境分指数得分低于平均分，自然资源科技创新活动所依赖的外部环境有待进一步改善，可通过制度创新或政策支持改善，创新绩效分指数得分高于平均分，科技创新活动的产出水平有待进一步提高。

环渤海经济区是指由渤海的全部及黄海的部分沿岸地区所组成的广大经济区域，是我国东部的"黄金海岸"，具有相当完善的工业基础、丰富的自然资源、雄厚的科技力量和便捷的交通条件，在全国经济发展格局中占有举足轻重的地位。横向比较来看，2019 年环渤海经济区的自然资源科技创新指数得分为 32.35（表 9-2），低于五大经济区平均分，创新资源和创新绩效分指数得分均高于五大经济区的平均分，具备较好的发展潜质，自然资源科技创新发展能力较强。

海峡西岸经济区以福建为主体，包括周边地区，南北与珠江三角洲、长江三角洲两个经济区衔接，东与台湾、西与江西的广大内陆腹地贯通，是具备独特优势的地域经济综合体，具有带动全国经济走向世界的特点。横向比较来看，海峡西岸经济区的自然资源科技创新指数得分为 22.34，低于五大经济区平均分，自然资源科技创新活动的产出水平不高，创新资源与知识创造分指数得分也较低，反映出创新资源投入和配置能力及自然资源科技创新发展能力有待进一步提升。

环北部湾经济区地处华南经济圈、西南经济圈和东盟经济圈的结合部，是我国西部大开发地区中唯一的沿海区域，也是我国与东南亚国家联盟（简称"东盟"）既有海上通道又有陆地接壤的区域，区位优势明显，战略地位突出。环北部湾经济区的自然资源科技创新指数得分为 12.56，远低于五大经济区的平均分，与其余各经济区的差距较大。

第三节　海洋经济圈科技创新聚焦区域的定位与发展潜力

《全国海洋经济发展"十三五"规划》多次提及"一带一路"倡议，要求北部、东部和南部三大海洋经济圈加强与"一带一路"倡议的合作。三大海洋经济圈依据各自的资源禀赋和发展潜力，在定位和产业发展上有所区别，创新定位亦有所不同。

东部海洋经济圈的自然资源科技创新指数得分为34.57，在三大海洋经济圈中居于第一位（表9-3，图9-8）。4个分指数中创新资源、知识创造和创新绩效分指数的得分较高，分别为39.18、38.88和36.02，3个分指数对该区域的自然资源科技创新指数有较大的正贡献，丰富的创新资源和较高的知识创造水平为区域自然资源科技创新与经济发展创造了良好的条件，充分说明该区域优势突出、经济实力雄厚；创新环境分指数得分较低，为24.23，拉低了该区域的自然资源科技创新指数得分（图9-9）。东部海洋经济圈港口航运体系完善，海洋经济外向型程度高，面向亚洲及太平洋地区，是"一带一路"倡议与长江经济带发展战略的交汇区域，可将战略性成果通过新亚欧大陆桥往西传递，实现陆海联动。针对其产业基础雄厚与海洋经济高层次发展的特色，区域自然资源科技创新定位需与经济的外向型和高层次特点相一致。

表9-3　我国三大海洋经济圈自然资源科技创新指数与分指数得分

经济圈	综合指数	分指数			
	自然资源科技创新（A）	创新资源（B_1）	创新环境（B_2）	创新绩效（B_3）	知识创造（B_4）
东部海洋经济圈	34.57	39.18	24.23	36.02	38.88
北部海洋经济圈	32.35	39.59	29.81	24.96	35.05
南部海洋经济圈	29.97	29.97	42.00	17.15	30.76

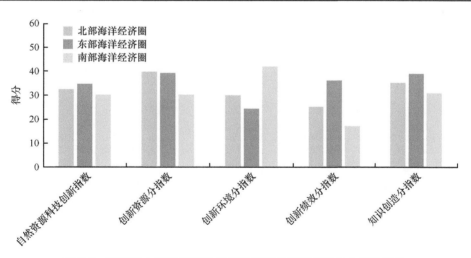

图9-8　我国三大海洋经济圈自然资源科技创新指数与分指数得分

北部海洋经济圈的自然资源科技创新指数得分为32.35，在三大海洋经济圈中位居第二。4个分指数中创新资源和知识创造分指数对自然资源科技创新指数有正贡献，得分分别为39.59和35.05，自然资源科技创新发展能力较强；创新环境和创新绩效分指数得分比较低，分别为29.81和24.96，成为阻碍其自然资源科技创新发展的重要因素。北部海洋经济圈的经济发展基础雄厚、科研教育优势突出，作为北方地区对外开放的重要平台，其区域自然资源科技创新定位需与转型升级的经济发

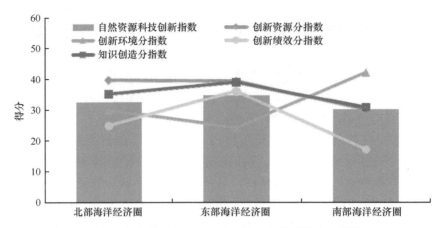

图 9-9   我国三大海洋经济圈自然资源科技创新指数与分指数的关系

展相适应，立足于北方经济，在制造业输出上发力。

南部海洋经济圈的自然资源科技创新指数得分为 29.97，在三大海洋经济圈中居于末位，提升空间较大。南部海洋经济圈海域辽阔、资源丰富、战略地位突出，面向东盟十国，着眼于国际贸易，是我国保护和开发南海资源、维护国家海洋权益的重要基地。区域海洋创新定位需考虑海洋资源丰富和特色产品优势，进一步发挥珠江口及其两翼的创新总体优势，带动福建、北部湾和海南岛沿岸发挥区位优势，共同发展，使自然资源科技创新驱动经济发展的模式辐射至整个南部海洋经济圈。

第四部分

国 际 篇

第十章　美国自然资源管理政策导向及战略计划调整分析

依据联合国对自然资源的定义，自然资源是指在一定时间和条件下，能产生经济效益，以提高人类当前和未来福利的自然因素和条件，可分为有形自然资源（如土地、水体、动植物、矿产等）和无形自然资源（如光资源、热资源等）。自然资源具有可用性、整体性、变化性、空间分布不均匀性和区域性等特点，是人类生存和发展的物质基础，也是社会物质财富的源泉，更是可持续发展的重要依据之一。美国自然资源由内政部、农业部、商务部等多部门共同管理，其中内政部（Department of the Interior，DOI）是管理范围最广、涉及自然资源类型最多的部门，主要负责公共土地、矿产资源、海洋能源、国家公园、鱼类及野生动物等自然资源的管理。其与美国农业部的林业局分担森林、矿产、牧场和荒地火灾管理的责任，与美国陆军工程兵团分担水资源管理和水力发电的责任，与美国商务部国家海洋渔业局分担渔业和濒危物种管理的责任，与地方政府分担土地利用规划的责任。在前任总统特朗普的领导下，DOI 提出 2018～2022 财年战略计划，对奥巴马任期内的战略重点进行调整，旨在促进能源主导地位和关键矿产开发，为美国人创造就业机会，使国家免受海外政治动荡的影响，维护美国国家安全等。通过对 DOI 2012～2021 年《总统预算》的比较分析及对 2021 财年其直属机构总统预算的深入分析，系统研究 DOI 工作重心的调整，以此分析特朗普政府在自然资源领域宏观政策导向的变化，为我国确定自然资源发展战略布局提供参考。

第一节　DOI 职能及组织结构

一、DOI 职能

美国自然资源管理涉及内政部、农业部、陆军工程兵团、商务部等多个部门，其中涉及自然资源类型最多、管理范围最广的部门是内政部。美国内政部成立于 1849 年，负责管理公共土地、矿产资源、水电、国家公园及野生动物等诸多自然资源，从美国人民的利益出发保护和管理国家的自然资源和文化遗产，提供关于自然资源和自然灾害的科学信息，为美国人民创造户外娱乐机会，并履行国家对美国印第安人、阿拉斯加州原住民和附属岛屿社区的责任。

二、DOI 组织结构

DOI 由内政部长统一管理，下设 9 个局和若干办公室，按照管辖事务范畴的不同设有 5 位助理副部长进行管理，具体如图 10-1 所示；同时设有秘书办公室、政策管理和预算办公室、律师办公室、监察长办公室、首席信息官办公室、美国印第安人特别受托管理人办公室和生活管理办公室进行事务的综合协调处理。2020 年 10 月 1 日，设立信托基金管理局行使信托职能，其中印第安事务局（BIA）、印第安教育局和信托基金管理局主要负责处理印第安人事务，履行对其的信托责任。

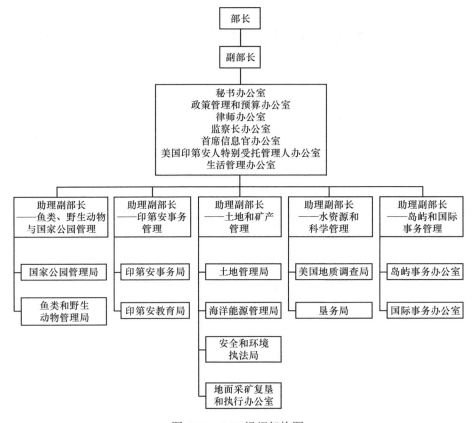

图 10-1 DOI 组织架构图

土地管理局（Bureau of Land Management，BLM）负责管理面积近 2.5 亿英亩[①]的公共土地及 7 亿英亩的地下矿藏，充分利用包括可再生资源在内的国内能源和矿产资源，通过创造户外娱乐机会以更好地服务于美国家庭，管理工作环境以促进可持续的牲畜放牧和木材砍伐，同时负责防火检测与航空管理。

国家公园管理局（National Park Service，NPS）负责管理 417 家自然、文化和娱乐场所，超过 27 000 个历史建筑及大量的博物馆收藏和自然文化景观，为游客提供户外休闲娱乐的选择，维持和管理自然文化遗产。

地面采矿复垦和执行办公室（Office of Surface Mining Reclamation and Enforcement，OSMRE）负责制定全国性计划以管理露天煤矿开采对于环境的影响，OSMRE 也负责权衡国家对煤炭生产的需求与环境保护之间的平衡，主要职责是监督煤矿开垦活动，确保土地在采矿结束后恢复有益用途。

海洋能源管理局（Bureau of Ocean Energy Management，BOEM）是管理国家海上资源，同时监督外大陆架能源和海洋矿产开发的机构。BOEM 对国家 4% 的天然气和 18% 的石油资源进行监管，同时管理海洋矿产资源、可持续能源的租赁。

美国地质调查局（U.S. Geological Survey，USGS）是提供有关自然灾害、自然资源及气候和土地利用变化的有关信息的机构，主要职责为提供关于地震、火山喷发和山体滑坡等自然灾害的信息以减少损害，通过对水、土地、能源等资源的调查研究和评估，为后续有效的决策与规划提供依据。

鱼类和野生动物管理局（Fish and Wildlife Service，FWS）负责管理国家野生动物保护区的土地和水域，保护候鸟、濒危物种及某些海洋哺乳类动物，管理国家鱼类保育系统以保护和恢复本国渔业。

---

① 1 英亩 ≈ 4046.86m²。

安全和环境执法局 (Bureau of Safety and Environmental Enforcement，BSEE) 的主要职责是确保外大陆架能源生产的安全性，管理防范石油泄漏同时检查和分析设备故障问题，管理监督、实施执法方案。

垦务局（Bureau of Reclamation，BOR）是管理和保护水资源的机构，为超过 3100 万人供水，为 1000 万英亩的农田提供灌溉用水，管理水库的建造，是全球最大的水资源供应商，同时也是美国第二大水力发电部门。

第二节　2018 ～ 2022 财年战略计划分析

美国内政部 2018 ～ 2022 财年战略计划是在前任总统特朗普的领导下提出的，旨在促进能源主导地位和关键矿产开发，为美国人创造就业机会，使国家免受海外政治动荡的影响，维护美国国家安全；增加美国人获得户外娱乐的机会，使其充分享受狩猎、捕鱼和其他户外娱乐活动；加强保护管理，使各级政府和私人土地所有者在相互尊重的氛围中合作；通过精简官僚机构，更好地履行其自然资源管理责任。该战略计划共包含 6 个重要使命，其中 5 个与自然资源管理利用息息相关。

一、使命一：保护土地和水资源

DOI 利用现代自然资源管理技术平衡和管理公共土地及资源。利用土地、水资源、生物资源管理科学支持决策，DOI 确保其提供科学的数据、工具、技术和分析，以促进人们对自然资源更好地理解。USGS 通过科学监测和调查来研究土地及水资源的可用性和可持续性，BLM、NPS 通过控制入侵动植物，将土地及水域恢复至自我平衡的状态，以及确保野生动物种群的栖息环境，OSMRE 确保在采矿期间以保护环境的方式进行煤炭开采，在采矿后恢复土地的有益用途。

合理管理水资源的储存和分配，以化解水资源利用冲突。加强伙伴关系以实现管家平衡。及时公开土地利用规划进程，以供公众获取信息。科学评估土地利用规划进程，DOI 土地使用和管理计划必须依照国会有关法律，使用测绘和土地成像的方式告知公众土地利用规划进程，USGS 是国家的主要测绘机构，通过详细调查研究，提供高质量和高精确度的地形、地质、水文和地理地图与数据。未来 USGS 将继续通过研发完整的四维地质地图等产品来提高空间和时间分辨率，显示地球复杂的地质结构，通过尖端技术绘制精确图，以帮助精确规划能源开发、运输和管道基础设施项目。

二、使命二：创造收入和利用自然资源

DOI 致力于通过负责任的公共土地管理来实现和保持美国的能源主导地位，管理和利用的能源包括石油、天然气、煤炭及非能源矿物，尤其是外大陆架的石油和天然气能源。

确保美国的能源主导地位和国家安全。DOI 将能源置于重要地位，石油、天然气和煤炭资源是美国能源的基石，DOI 将继续扩大美国常规能源和可再生能源的生产，同时通过适当的评估标准和监督机制来确保能源的安全和可靠性。DOI 促进开发和使用可再生能源，充分利用水电资源加强美国的能源安全、提升经济活力和生活质量。

确保矿产资源的可得性。公共土地是国家非能源矿产资源的重要来源，其中有些资源具有重要的战略意义。DOI 通过科学的矿产资源管理促进能源安全、环境保护和经济发展，BLM 对公共土地进行环境分析，以满足对非能源固体可浸出矿物如钾和磷酸盐日益增长的需求。BOEM 的海洋矿物项目通过对沙子和砾石资源的合理利用，保护和改善国家的沿海基础设施。同时 USGS 矿产资源

项目所提供的科学数据有助于矿产资源发现，并为地缘政治决策提供必要的信息和科学分析。

确保公众获得资源的公允价值，对于能源收入进行精确及时的核算，并将这些收入分配给联邦或存入国库普通基金以减少赤字。DOI 将不断审查国家公园、国家野生动物避难所、公共土地、历史遗址和建筑物的收费结构，以确保游客享受资源的同时向其收取适当费用，以帮助抵消维护成本，保证基础设施的良好状态，创造良好的循环体系。

关注木材计划的"健康森林"生命周期，BLM 负责进行可持续土地管理，维持源源不断的木材来源，支持木材、胶合板和纸张的生产，同时也保护流域、调节溪流流量，保证当地社区的经济稳定。通过负责任的管理减少火灾，维持森林的健康和提高其复原力。

管理放牧资源，BLM 管理一半以上公共土地上的牲畜，大约 18 000 份放牧许可证和租约由牧场主持有，其在 BLM 管理的 21 000 多块牧场上放牧。BLM 通过在关键生长时期，在特定分配的牧场中实施定期休息或推迟放牧等活动，提高放牧的可持续性。近年来，由于干旱气候的加剧，处理的放牧许可证和租约数量有所减少。BLM 继续寻找机会简化放牧许可程序，并为牲畜经营者在公共土地上放牧提供更大的灵活性。

三、使命三：扩大户外娱乐和访问空间

扩大在 DOI 管辖的土地和水域上的狩猎、捕鱼和其他娱乐活动空间。NPS 管理的 76 个地区允许狩猎，据统计，在近 2.5 亿英亩的 BLM 管理的公共土地中，超过 95% 的土地可以狩猎。DOI 将提高游客对公共土地体验的满意度，加强游客对自然和文化遗产的享受与欣赏，提高游客对于提供的娱乐服务的满意度。

四、使命四：保护国民和边界安全

DOI 高度重视安全和准备，并通过各种方案履行其保护生命、资源和财产的责任。执法标准办公室（OLES）就执法政策、边境安全和毒品执法等问题提供方案指导和监督，该办公室还将与其他联邦、州和地方机构（包括国土安全部、联邦调查局和中央情报局）就执法和安全问题进行协调，以便加强安全管理。应急管理办公室（OEM）负责所有危险的准备和应对，确保 DOI 应对紧急情况和事件的能力。

支持保护南部边界，DOI 的目标是加强边境沿线各机构之间的合作，以更好地理解彼此的使命、协调努力。美国边境巡逻队是负责在美国和墨西哥边境附近土地巡逻的主要联邦机构。DOI 将加强与美国边境巡逻队合作，减少 DOI 管理的公共土地上的非法移民。

管理野火以减少风险，提高生态系统和社区的复原力。DOI 将与州、地方、部落和其他伙伴合作，确保对野地火灾管理采取协调一致的办法，以便能够提高业务效率和减少管理重叠。DOI 将继续向消防人员提供适当的培训，帮助他们安全有效地工作。DOI 的野地火灾办公室将协调四个局（BLM、FWS、NPS 和 BIA）的方案和资金以实施国家野地火灾管理战略，减少野地火灾风险。

提供科学信息以保护社区免受自然灾害。国家应急管理人员利用 USGS 科学信息向公民通报自然危害对自然环境造成的潜在风险，改进应对活动，并保护公众的健康，从而减少生命和财产损失。

五、使命五：在未来 100 年实现组织和基础设施的现代化

调整 DOI 的组织结构和员工队伍，建立统一的区域边界，将整个 DOI 的地理区域统一以提高资源决策和政策的协调度，并加强员工的绩效管理、增加培训机会、提高员工业务效率，同时尽量减少当前组织设计下的冗余。

减轻行政和管理负担。根据第 13771 号总统令"减少管制和控制监管费用",指示各机构废除过时、无效、造成超出效益的成本的法案,同时提高基础设施许可程序的透明度和及时性。优先考虑 DOI 基础设施需求,减少积压。DOI 的目标是平衡任务交付需求和对运营工作的投资。适当维护资产可使 DOI 更好地履行其资源管理、提供户外娱乐活动的职能。影响可持续投资组合的一个重要因素是老化基础设施,提倡通过积极主动地维修、更换部件来减少费用。

第三节　DOI 预算分析及政策导向

一、预算分析

美国政府按财政年度进行预算编制,美国的财政年度是当年 10 月 1 日至翌年 9 月 30 日,可分为行政预算过程和国会预算过程两个相对独立的阶段。第一阶段是行政预算过程,在每个预算年度开始前 18 个月便开始准备,以 2021 财年预算为例:2019 年春,美国行政管理和预算局(Office of Management and Budget,OMB)基于广泛调查研究,向总统提交 2021 财年预算指导方针,总统审查后将 2021 财年预算总方针下达给政府各部门。2019 年夏,联邦政府各部门基于工作计划将本部门编制的 2021 财年的预算请求和证明材料提交 OMB 审查。OMB 安排专职审核员进行预算审查,举行听证会或与各部门负责人直接面对面讨论,提出初审意见,若双方经协商意见不一致,可将问题提交总统决定,最后经过严格的审核及汇总过程,OMB 将于 2019 年 12 月将综合性行政预算草案提交总统。2020 年 2 月第一个星期一之前,总统需审查签署《总统预算》(President Budget,PB)并递交国会,同时《总统预算》在全国范围内对外公布,行政预算过程结束。第二阶段进入国会预算过程,需经过参众两院就《总统预算》多次审核、听证,形成共同决议案,国会在 6 月 30 日前须完成拨款方案的立法工作,最后经总统同意后签署生效成为公法,国会预算过程结束。

基于 DOI 对外公布的 2012 ~ 2021 财年预算概况,梳理近十年预算的情况(表 10-1),并进一步绘制预算变化趋势图,如图 10-2 所示。从总体预算变化角度来看,2012 ~ 2021 财年 DOI 的预算整体呈上升趋势,其中 2013 财年预算支出的小幅增加主要是部门办公室费用中秘书部门业务费用的预算支出增加所致,其中包括"野地火灾管理"计划增加了 2.43 亿美元以提高应对野火威胁的能力及数项关于能源等计划的永久性拨款。在 2021 财年总统预算案中,预算重点转向国防领域,大幅削减了公共开支以减少财政赤字,其中内政部 2021 财年预算也被大幅削减,比 2020 年制定的水平减少约 11%。根据预算摘要,总统提案"优先考虑为美国内政部提供资金,以支持其公共土地和近海水域能源实现安全负责地发展",同时将资金优先用于森林管理计划,以减少国有土地上的野火风险。

从各直属机构的预算支出变化来看,由于内政部战略计划具有一定的连续性,2012 ~ 2020 财年各下属机构预算未出现很大的结构性变化,但由于总统在 2021 财年大幅收紧预算减少财政赤字的措施,内政部各直属机构的预算基本均进行了下调。自 2018 财年开始,内政部的主要职能由保护型向开发型转变,并增设两个直属机构的独立预算核算体系,其中 2020 年为推动印第安教育局(Bureau of the Indian Education,BIE)改革以提升其教育质量,建立了权责一致的独立预算核算体系,并且新设立了信托基金管理局(Bureau of Trust Funds Administration,BTFA),承担起由美国印第安人特别受托管理人办公室(OST)所履行的印第安人金融资产管理的信托职责。

表 10-1 2012～2021 财年 DOI 预算概况表

（单位：万美元）

	FY2012	FY2013	FY2014	FY2015	FY2016	FY2017	FY2018	FY2019	FY2020	FY2021
BLM	127 810.5	125 085.6	126 647.8	132 140.1	147 244.1	146 523.9	154 909.6	160 668.7	168 260.4	134 212.0
BOEM	5 969.6	6 006.1	6 900.0	7 242.2	7 423.5	7 461.6	11 416.6	12 945.0	13 161.1	12 576.0
BSEE	7 627.4	7 974.1	7 864.4	8 104.6	8 846.4	8 314.1	12 343.9	13 625.0	13 344.4	12 934.9
OSMRE	88 989.6	68 602.9	57 371.4	55 019.0	88 660.0	64 606.9	88 766.4	82 616.9	239 096.6	103 434.4
USGS	106 862.9	107 573.0	103 297.5	108 197.8	106 386.4	108 586.3	114 915.3	116 151.3	127 210.1	97 232.9
FWS	242 862.6	272 154.0	279 041.3	288 758.0	285 996.7	291 920.8	303 080.1	294 118.2	293 239.6	284 681.4
NPS	298 362.3	342 883.4	298 375.4	312 062.1	337 672.5	352 561.7	391 031.7	399 055.6	411 504.1	354 116.3
BIA	274 492.6	265 425.4	264 017.8	271 279.2	293 123.8	298 510.2	319 522.6	321 934.1	220 636.7	198 460.0
BIE	0	0	0	0	0	0	0	0	119 133.4	94 454.4
BTFA	0	0	0	0	0	0	0	0	0	25 539.9
部门办公室	365 535.0	605 785.1	344 137.3	311 422.6	317 502.6	310 121.5	319 209.0	483 331.6	384 303.4	469 177.5
全部门项目	110 450.5	138 842.1	144 019.7	155 479.4	121 006.8	215 054.1	204 208.7	226 422.8	230 318.0	229 663.6
BOR	124 739.5	122 857.6	127 890.3	124 541.3	137 223.4	141 233.8	156 197.5	168 347.0	209 050.1	136 893.9
犹他州中部项目交易账户	2 870.4	2 887.9	2 368.2	1 915.8	1 702.8	1 745.1	1 920.6	1 681.8	3 061.7	2 093.7
DOI（总计）	1 756 572.9	2 066 077.2	1 761 931.1	1 776 162.1	1 852 789.0	1 946 640.0	2 077 522.0	2 280 898.0	2 432 319.6	2 155 470.9

注：BLM- 土地管理局；BOEM- 海洋能源管理局；BSEE- 安全和环境执法局；OSMRE- 地面采矿复垦和执行办公室；USGS- 美国地质调查局；FWS- 鱼类和野生动物管理局；NPS- 国家公园管理局；BIA- 印第安事务局；BIE- 印第安教育局；BTFA- 信托基金管理局；BOR- 垦务局；

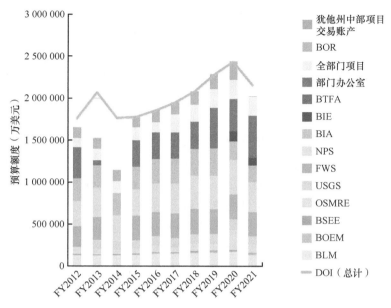

图 10-2　2012～2021 财年 DOI 预算变化情况

在能源方面，BLM、BOEM 财政预算均大幅增加，预算支出重点用于传统化石能源的开发利用，但针对风能、电能等可再生资源的支出却连遭削减。究其原因，前任总统特朗普致力于实现能源的主导地位，就任伊始即提出《美国优先能源计划》，意图通过开发利用美国丰富的化石能源资源实现能源独立，并对可再生资源发展呈消极态度。其中 BLM 通过简化申请钻探许可证的流程大举增加对石油和天然气的开发利用，放开对联邦土地上石油和天然气及煤炭资源的开采限制。BOEM 根据《美国第一离岸能源战略行政令》大幅增加包括外大陆架在内的国内能源生产，其中美国大陆架大部分地区的开放开发是特朗普政府美国海上能源战略的重要部分，为了推动离岸油气开采，特朗普政府推出历任美国政府从未有过的大规模公有水域租售并签署一项 5 年国家外大陆架（OCS）油气租赁计划，租售全国约 90% 的外大陆架，用于采掘石油和天然气。此外，美国政府允许在几乎所有美国水域进行近海石油和天然气钻探活动，解除了在北极地区和美国东海岸水域无限期离岸开采禁令并且允许开采有争议的区域——阿拉斯加的北极国家野生动物保护区（Arctic National Wildlife Refuge，ANWR）。OSMRE、BSEE 的预算自 2018 财年基本维持在历史高位，OSMRE 在支出中加大对废弃地区的开垦支持，减少了对于项目环境保护方面的资金，2020 财年提升对于美国矿工健康计划的转移支付，预算支出达到高峰。特朗普不仅废除了奥巴马在 2016 年签署的关于禁止新的联邦土地煤炭开采租赁项目，继续开垦过去采矿作业中未开垦的地区的规定，还中止了"禁止露天采矿活动在周围水域倾倒垃圾"的规定，旨在促进煤炭行业复苏。BSEE 的预算中关于能源开采特别是外大陆架能源的安全管理措施稳步提升，但环境监管的预算连年下降。在水资源方面，BOR 预算支出呈稳定增长态势，体现该部门一以贯之的"促进西部可靠供水"的优先目标；在濒危动物管理方面，FWS 近三年预算连年下降，特朗普政府修改了《濒危物种法》，指出在权衡对濒危物种的保护措施时，可将经济因素纳入考虑，对于濒危物种保护的支持力度较奥巴马政府有所下降。

二、政策导向

根据数据总体情况和趋势变化分析可以看到，奥巴马政府和特朗普政府的政策存在不同的侧重点。奥巴马政府注重气候变化的影响，致力于自适应地管理资源以减轻气候变化的影响，提高复原力，确立加强应对气候变化的准备和提高环境复原力的优先目标，并将气候变化战略纳入自然资源管理计划、政策、方案和业务，在减少干旱、减缓河流和溪流变暖及海平面上升、减少碳污染，以及负责任地开发清洁能源方面加强预算支出。而在特朗普政府领导下，自然资源管理政策从应对气候变化、保护自然环境为主转变为开发自然资源、保障经济发展为主，重新聚焦能源优先及国家安全战略。

政策导向转变主要在于以下几点：①奥巴马政府强调气候变化的重要性，将气候变化战略纳入 DOI 管理计划和政策中，而特朗普就任伊始便签署一项全面的行政命令，逆转奥巴马为解决气候变化问题所做出的努力，转而将能源优先、促进经济发展置于优先地位。在奥巴马任期，USGS 通过监测美国社区和生态系统受气候变化影响的程度，并就提高其对于气候变化的适应能力制定各种有效的管理对策，而在特朗普任期内 USGS 主要将焦点转向提高尖端技术以精确规划能源开发、运输和管道基础设施项目、城市规划，并提高洪水预测和减轻灾害的能力。②能源方面，奥巴马政府致力于实现更清洁和更可持续的能源未来，着重于可再生能源优先战略，同时增加对高风险石油和天然气生产的检查，开发清洁能源，推动风能、太阳能、地热和水电能源开发，建立新的清洁能源发电系统，促进新的输电网络的建设，推动经济增长和创造就业机会，缓解气候变化的不良影响。而特朗普政府进一步推进国内化石能源发展，原油和天然气产量创历史新高，并格外注重海上外大陆架能源的开发，重新启动国家石油和天然气租赁计划的发展进程，致力于扩大海上油气开采范围，建议向油气开采行业开放美国超过 90% 的外大陆架区域，除继续推动石油、天然气能源开发外，其还致力于实现煤炭复兴，大力支持煤炭业发展，而对可再生能源的发展持消极态度。③奥巴马政府提出利用现有和新兴技术，通过提高生态系统服务和复原力、能源和矿产资源评估、灾害应对、适应气候变化和环境健康等领域的能力，提高对景观级自然资源的认识。而特朗普政府更加注重边境安全，强调确保美国与墨西哥的南部边界安全，加大执法人员的执法力度，与美国边境巡逻队合作，加强边境巡逻，减少公共土地的非法移民。④特朗普政府致力于推动内政部组织与基础设施的现代化，维护关键的基础设施建设，确保更加有效地运营；签署"实施监管改革议程"的第 13777 号行政令，以减轻不必要的监管负担，废除过时、不必要的法规，加强监管平衡以建立统一的区域边界，使各决策局之间的决策更加一体化，加强自然资源决策的协调性。

第四节　2021 财年优先事项与计划调整

内政部 2021 财年提出 128 亿美元自由支配拨款申请，若发生严重的野外火灾，内政部将继续申请额外的 3.1 亿美元，并提出 75 亿美元的永久性拨款申请。2021 年的预算推进了总统主要优先事项，包括《转变消防人员计划》、进行积极的森林和牧场管理、更好地保护社区免受火灾的侵害、增加农村地区宽带的使用，促进重要矿产勘探和开发，该预算还通过有针对性的改革来支持政府更广泛的财政目标，还推进了加强森林管理、降低野火风险的一揽子立法改革，以及建立公共土地基础设施基金的法律以解决公共土地上的基础设施需求。内政部将在 2021 年继续进行重要的运营改革，重新审视过时和冗余的流程与法规，加强道德文化建设，转变内部行政运作方式，以便为客户提供更好的服务。

一、优先事项

（一）优先事项一：保护国民与边界安全

2021 年预算建议加强 DOI 的野地消防、建立更稳定和永久的野地消防队，更好地应对长期野火活动带来的挑战。在防火和燃料管理方面大量投资，2021 年预算案提出 2.28 亿美元用于燃料管理，雇用更多的全职专业人员，提供有效的野火响应，以增强消防计划的长期实力。

2021 年预算提出 9.31 亿美元用于内政部的执法活动，以继续加强边境管理和内陆与部落地区的禁毒执法行动。BLM 计划投资 480 万美元提高所有局的应急通信能力，这笔资金将推动内政部在西南地区的无线电基础设施现代化。

内政部在准备和处理自然灾害事件方面也发挥着重要作用。USGS 的科学信息被应急人员、决策者和公众用来应对各种自然灾害，2021 年预算拨款 1.38 亿美元用于 USGS 自然灾害计划，这笔资金维持着重要的全国性监测网络和技术援助，可为世界各地的应急管理人员提供重要的科学信息。2021 年的预算还包括用于 USGS 水观测系统的 1.09 亿美元，计划在全国范围内为 8400 多个站点建立流量和水位信息网络。

（二）优先事项二：增加对公共土地的利用

2021 年预算强调增加公众对娱乐场地的可获得性，预算将以前几年的可用土地购置项目资金重新分配给 BLM、NPS 和 FWS，使公众能够进入以前不可进入的娱乐场所。2021 年的预算中包括用于土地管理业务的 50 亿美元，用于进行年度维护及自然资源和文化资源的管理、执法和访客服务。访客体验的重要组成部分是设施的状况——安全性、维修状态、清洁度和外观，加强基础设施的维修和建设仍然是 2021 年预算的优先事项，其中 15 亿美元用于内政部整个基础设施维护和建设，包括水利项目的建设、维护和大坝安全。

（三）优先事项三：保护性管理

2021 年预算重点关注物种恢复计划和积极地保护伙伴关系，以防止将濒危物种列入名录。该预算包括 9840 万美元用于物种恢复，2860 万美元用于栖息地的保护与恢复计划，以及 5720 万美元用于鱼类和野生动物合作伙伴计划。NPS 的 2021 年预算中 3.269 亿美元用于自然和文化资源管理计划，以确保自然、历史和文化国家公园系统受到保护。BLM 的 2021 年预算中 4.93 亿美元用于土地资源、生境管理、资源保护和维护及国家保护区的管理。

内政部的 2021 年预算中 11 亿美元用于垦殖活动，包括对西部各州的水利设施进行投资，以满足竞争中的供水需求。填海工程正在通过《国家水利设施改善法案》（WIIN 法案）授权的项目来推进，以增加水的供应、存储的可靠性。为了解决客户的供水可靠性问题，2021 年的预算包括超 1.03 亿美元的资金用于满足填海设施的特殊维护需求，还有 7630 万美元的资金用于填海研究与开发，利用现代技术来应对供水挑战。

（四）优先事项四：达成监管平衡

特朗普政府致力于减轻美国人的监管负担，通过第 13771 号和 13777 号行政令指示机构改革无效、重复和过时的法规，内政部通过改革过时的内部《国家环境政策法》（NEPA）审查及简化计划许可和审查流程来提供更好的服务。2021 年预算将继续投资于流程改进，以便在放牧和陆上石油、天然气、煤炭及其他矿物租赁计划，以及地面采矿复垦和执行办公室批准的煤炭运营和矿山计划审查流程中提供更好的服务。

（五）优先事项五：促进负责任的能源管理

根据《美国第一能源计划》，美国是石油和天然气生产的全球领导者。2021 年的预算包括 7.961 亿美元，用于鼓励石油和天然气、煤炭、其他矿产和可再生能源的安全开发。内政部将外大陆架资源作为开发的重点，2021 年预算申请 3.928 亿美元支持对美国的海上能源进行负责任的勘探、开发和检查，该预算包括 2.04 亿美元用于 BSEE 活动，确保安全环保的海上能源开发。预算为 BLM 的石油和天然气活动提供自由预算拨款资金 1.955 亿美元，重点是减少许可处理时间、简化租赁申请流程、加强检查与执法能力和及时完成租赁销售的公平市价确定。2021 年的预算还包括 9120 万美元用于 USGS 进行能源和矿产资源评估，为决策者、利益相关者和公众提供重要信息。2019 年，政府针对特朗普总统颁布的 13817 号行政令旨在加强国内关键矿物供应的情况发布了《联邦战略确保关键矿物的可靠供应》。2021 年总统的预算包括 3140 万美元用于进一步确定美国 35 种现在已被列为对国家经济和国家安全至关重要的、推动美国经济发展并确保美国军事至上的矿产资源的供应。

二、直属机构主要计划调整

（一）土地管理局

土地管理局（BLM）2021 财年预算提案包括用于土地和资源管理的 11 亿美元，以及用于俄勒冈州和加利福尼亚州格兰特土地的 1.128 亿美元。预算中土地和资源管理削减了 1.16 亿美元，重点削减了对于牧场、野生生物栖息地的管理及资源的保护与维护，而将优先事项放在能源与矿产资源、森林资源的管理，加大了对其预算请求；在土地征用中请求 300 万美元仅用于娱乐用地项目，反映了政府将现有预算集中用于增加对现有土地的利用，而非获得额外的土地；请求 1.128 亿美元用于俄勒冈州和加利福尼亚州土地活动，较上一年增加了 71.5 万美元，主要用于俄勒冈州西部资源管理活动。BLM 的预算主要用于推进总统关键优先事项，包括促进经济增长、创造就业机会和国内能源开发。2021 年预算重点在推进积极的森林管理改革，包括支持有效的土地管理决策过程帮助减少火灾风险，支持在对地方经济至关重要的公共土地上的木材生产，如俄勒冈州西部。该请求还反映了政府在以下领域的承诺：①促进能源安全和经济增长；②积极的森林和牧场管理；③促进合作保护；④增强公共土地上的游客体验。

1. 促进能源安全和经济增长

加强美国的能源安全和能源基础设施建设，支持创造就业机会。BLM 支持全面能源战略，其中包括石油和天然气、煤炭及可再生能源。2021 年预算要求在能源和矿产管理计划中投入 1.993 亿美元，2950 万美元用于支持公共土地上持续的风能、太阳能和地热能开发。BLM 还采取积极措施，通过审查和精简业务流程使其更好地为美国公众服务。以对环境负责的方式开发石油和天然气资源，加快租赁、精简发放许可证的业务流程，此外，特朗普签署了一项新法律，要求开发北极国家野生动物保护区（ANWR）巨大的能源，为美国未来的经济繁荣和能源安全提供保证。这是一项具有重要国家意义的强制性能源生产计划，明确指示 BLM 采取行动，在潜在能源丰富的沿海平原开展积极、有竞争力的勘探和开发计划。

2. 积极的森林和牧场管理

2021 年的预算支持特朗普政府制定的重要目标，促进对美国森林、牧场和其他联邦土地的管理，以降低野火风险。BLM 预算将森林管理列为优先事项，并投资 1030 万美元用于公共土地上的森林管理，要求俄勒冈州和加利福尼亚州拨款 1.128 亿美元，提出一揽子森林管理立法改革方案，以帮助应对日益增加的灾难性火灾。

3. 促进合作保护

扩大获得公共土地的机会，增进公众和利益相关者的信任，恢复监管平衡。2.37 亿美元用于土地资源活动，包括对林业、牧场在内的公共土地资源进行综合管理。预算为 BLM 的野马和毛驴计划寻求 1.168 亿美元，寻找创新方法来解决其对国家公共土地及其动植物资源构成的生存威胁，该请求还包括 1.152 亿美元用于支持野生动植物和水生生物栖息地管理活动。

4. 增强公共土地上的游客体验

BLM 的 2021 年预算提供了大量资源来支持《保护、管理和娱乐法》，其中包括用于娱乐资源管理的 5900 万美元。此外，国家古迹和国家保护区计划的 3760 万美元预算要求也支持娱乐活动。据预测，在 2021 财年 BLM 将为超过 7200 万游客提供娱乐机会。

（二）海洋能源管理局

2021 年的预算包括用于 BOEM 计划的 1.888 亿美元，其中包括约 1.258 亿美元的当期拨款和约 6310 万美元的海外租赁收入与其他成本回收的抵消收款，预算较 2020 年减少了 279.6 万美元。由于过去资金主要支持 2019～2024 年国家 OCS 油气租赁计划，此计划中特朗普政府主张油气开采行业开放美国超过 90% 的外大陆架区域，但美国阿拉斯加联邦地区法院做出裁定，推翻了特朗普政府有关开展北极与大西洋海域石油和天然气租赁计划的行政命令，该计划现被搁置，因此预算大幅度减少。BOEM 根据《美国第一离岸能源战略行政令》，大幅增加包括外大陆架在内的国内能源生产，优先支持提高能源安全性、创造高薪工作、支持经济繁荣及确保国内能源的可靠性和可承受性。根据这一要求，BOEM 将资源集中在油气租赁、再生能源、海洋矿物和环境分析领域。可再生能源和海洋矿物资源 2021 年预算分别增加 314 万美元和 305 万美元。BOEM 继续通过其租赁计划并简化《国家环境政策法》（NEPA）流程来推进可再生能源开发，强调了可再生能源在美国优先海上能源战略中所扮演的角色；继续专注于创建国家近海沙砾清单，以识别沙砾和其他沉积物的来源，建设对国家经济、沿海环境和基础设施至关重要的项目；继续与其他联邦机构合作开发 OCS 关键矿物清单，以评估关键矿物供应，从而有可能降低遭受经济破坏的脆弱性及对国家安全的负面影响。

（三）安全和环境执法局

BSEE 的 2021 年自由支配预算为 1.29 亿美元，较 2020 年下降 369.5 万美元，其预算优先考虑以环境可持续的方式支持国家庞大的海上能源资源的开发。预算减少了石油泄漏相关的研究支出，将重点放在开发智能的程序和流程管理工具。BSEE 正在努力改进和精简流程以确保有效利用 BSEE 内部资源，同时 BSEE 正在将基于风险的监管协议纳入其监管战略；评估允许程序和时限，以确保资源的有效利用。2021 年预算请求支持离岸安全和环境执法计划，主要用于支持与常规能源开发有关的工作；继续完善其当前的许可和检查策略，从而减少美国离岸能源战略发展的障碍。

（四）地面采矿复垦和执行办公室

2021 年 OSMRE 的自由支配预算申请为 1.162 亿美元，较 2020 年减少了近 57%，大幅削减了有关环境保护和恢复的支出，同时减少了 2020 年预算中增加的美国矿工健康计划预算支出，而将重点放在废弃煤矿的复垦，体现了特朗普政府开发性的自然资源政策。2021 年 OSMRE 的核心任务是确保有效、一致和高质量地监管全国各地的复垦计划，支持总统和秘书的优先事项，即支持对环境负责的能源发展，调整可用资源以支持最高优先级工作，并消除其他计划和活动的资金冗余。

（五）垦务局

2021 年自由支配预算为 11 亿，永久性拨款 2.41 亿包括科罗拉多河大坝基金的 1.065 亿美元及圣华金河恢复基金的 790 万美元，预算较 2020 年下降 7.22 亿。自由预算支出中水和相关资源的支出被大幅减少，其中包括研究开发海水淡化、水净化及科技项目和维护与管理美国未来水资源可持续计划（WaterSMART)，提高了对于大坝安全方案的预算支出，因为其在引水和发电中具有重要作用。

（六）美国地质调查局

2021 年 USGS 生物预算为 9.712 亿美元，支持能源安全、关键矿产独立性、自然灾害监测及资源管理研究，自由支配预算较 2020 年下降 2.99 亿元，永久性拨款预算未作调整。2021 年预算系统改革中，削减了物种和水资源管理的预算，重点用于能源和矿产资源的研究分析。生态系统活动预算减少 17 054.4 万美元，能源和矿产资源与环境卫生预算减少 11353.5 万美元，自然灾害预算减少 3287.1 万美元。生态系统活动将 5 个现有的研究项目重组为 3 个，将相似的学科结合起来以便关注最紧迫的资源管理问题；物种管理研究合并了针对濒危物种和受重点关注物种恢复的科学研究，土地管理研究合并了支持土地管理决定的定点研究，生物威胁研究合并了抵抗威胁国家经济和生物多样性的入侵物种、鱼类疾病和野生动物疾病的研究。在水资源活动中，整合了水科学的观测、理解、预测和交付信息。

（七）国家公园管理局

2021 年 NPS 的自由支配预算为 27.92 亿美元，其中申请 25 亿美元分配给国家公园系统的运营，加强自然和文化资产管理，确保美国公众继续拥有满意的国家公园体验，提高公众对户外休闲活动场地的访问满意度及对公园的基础设施投资。2021 年预算较 2020 年下降了 14%，其中主要削减了建设和土地征用的项目支出，仅申请 860 万美元用于土地征用和国家援助拨款，其中包括 2260 万美元的新预算授权及计划取消 1400 万美元的上年余额。新预算授权包括 1000 万美元用以保护美国战场，400 万美元支持在公园内扩大娱乐设施建设，以及 860 万美元的 NPS 联邦土地征用计划，反映其更加关注现有范围内的公园管理而非扩展建设面积。

（八）鱼类和野生动物管理局

2021 年总统 FWS 的预算为 28 亿美元，其中包括 14 亿美元的自由预算拨款，永久性拨款直接提供给各州，用于捕鱼和野生动物恢复与保护。2021 年预算优先考虑了《濒危物种法》所列物种的恢复和濒危物种的保护，以防止将其列入濒危物种清单。预算的资金包括增加在 FWS 管理的土地上获得户外休闲的机会，以及增加现代化基础设施建设以改善游客体验。自由预算的所有项目均有所削减，其中资源管理是预算削减的重灾区，尤其是对鱼类等水生生物的物种保护和提供生态服务；在永久性预算支出中增加了联邦政府对于野生动物保护的援助。

第五节　总结美国自然资源管理及其政策导向

美国内政部 2018～2022 财年战略计划调整方向主要涉及能源、土地、水资源管理，将能源管理置于重要地位，继续扩大石油、天然气和可再生资源的生产，重视矿产资源的战略性地位；利用现代资源管理技术管理公共土地，更充分地利用联邦土地，确保美国公众能享受狩猎、捕鱼和其他户外运动；实行监管改革，确定废除、替换过时、不必要的法规，继续以负责任、成本效益高的方式保护环境。

对美国内政部 2012～2021 财年的预算进行对比分析，数据显示近十年 DOI 预算基本呈现波动增长态势，各部门的预算整体呈上升趋势，但在 2021 财年有所下降，在特朗普政府领导下，自然资源管理政策从保护自然环境为主转变为保障经济发展为主，重新聚焦能源优先及国家安全的职能。在 2021 财年内政部继续进行监管改革，重新审视冗余流程，并将保护国民与边界安全、增加对公共土地的利用、保护性管理、达成监管平衡和促进负责任的能源管理作为 2021 财年的优先事项，各直属机构做出相应政策调整。

从自然资源的布局来说，特朗普政府将能源战略置于优先地位，大力推进外大陆架能源的开发利用，维护美国能源领导者地位，我国在自然资源布局方面也应警惕美国对于亚洲的自然资源战略。

从自然资源的管理模式来说，美国自然资源管理形成了相对集中的管理模式，精简机构，明确各部门的职责，实现了相对统一有效的管理，有助于政策管理的一致性。美国近年来一直在推进内政部的监管改革，为每个机构设立了一个监管改革干事，并且废除、替换或修改阻碍创造就业机会、过时、不必要、无效的条例，这对我国自然资源监管改革也有一定的借鉴意义，有助于我国进一步完善自然资源监督检查机制，提高有关部门的规划管理水平。

附　录

附录一 自然资源科技创新指数

一、理论基础与概念内涵

1. 自然资源科技创新理论基础

自然资源科技创新是国家创新体系的重要部分，其理论基础来源于国家创新体系理论。《国家中长期科学和技术发展规划纲要（2006—2020年）》指出，国家科技创新体系是以政府为主导、充分发挥市场配置资源的基础性作用、各类科技创新主体紧密联系和有效互动的社会系统。目前，我国基本形成了政府、科研院所及高校、企业、技术创新支撑服务体系四角相倚的创新体系，主要由创新主体、创新基础设施、创新资源、创新环境、外界互动等要素组成。

2. 自然资源与科技创新的关系分析

自然资源具备天然存在、可以利用、能够产生价值、能够给人类社会带来福祉等重要属性。在自然资源产生价值和带来福利的同时，人类需要考虑其资源禀赋、开发利用手段、管理保护措施等，需要一定的社会环境、经济需求和技术条件才能得以实现。人类与自然资源构成了一个"人类—自然资源"相互影响的大系统，自然资源通过人类对其充分利用给社会带来重要价值和福祉，人类要达到对自然资源充分的、最优化的、可持续的利用，需要的是整个社会的进步和技术的提高，需要创新发展，做好创新、提高发展才能从根本上保证自然资源的充分、最优化、可持续利用。

3. 自然资源科技创新指数内涵

自然资源领域的创新是新时代创新体系的重要组成部分，是对自然资源规划、管理、勘探、开发、利用与保护的科技创新，也是自然资源领域新概念、新思想、新知识、新理论、新方法、新技术、新发现和新假设的集成。自然资源科技创新指数是指衡量自然资源管理、开发与保护的创新能力，切实反映国家、区域或领域内自然资源科技创新质量和效率的综合性指数。

二、自然资源科技创新评价体系

自然资源科技创新评价构建的理论基础来源于国家创新体系理论。在梳理国家创新体系理论的基础上，厘清自然资源领域与政府、科研院所及高校、企业、技术创新支撑服务体系四角相倚的系统关系，即政府层面以自然资源部统筹管理"山水林田湖草"为主，以科研院所及高校、企业为创新主体，形成产学研一体化合作模式，创新实现通过自然资源领域技术创新、知识创新和理论创新等进行。以科技创新评价为主要内容，从创新主体、创新路径、创新实现和创新评价四个方面构建自然资源科技创新评价体系（附图 1-1），通过对创新投入及创新产出的量化，衡量自然资源管理、开发与保护的创新能力，切实反映国家、区域或领域内自然资源科技创新质量和效率，为有效评估我国自然资源科技创新能力提供支撑。

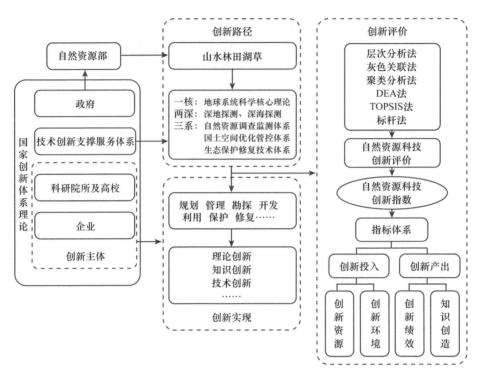

附图 1-1　自然资源科技创新评价体系

在创新主体方面，以国家创新体系理论为基础，以自然资源领域科研院所及高校、企业为创新主体，逐步构建多部门、科研院所及高校参与的开放合作与协同一致的创新体系。

在创新路径方面，将"山水林田湖草"生命共同体的科技创新发展，规划为自然资源重大科技战略，形成既有理论基础又有知识和技术支撑的创新路径。

在创新实现方面，自然资源科技创新发展贯穿于"山水林田湖草"的规划、管理、勘探、开发、利用、保护及修复过程中的科技知识产生、流动并商业化应用及技术创新发展的整个过程，具体体现在自然资源技术、知识、理论等方面的创新。

在创新评价方面，基于国家创新理论体系，构建创新评价体系，重点是构建自然资源科技创新指数，对自然资源科技创新能力进行度量。

通过以上四个方面的相互促进、融合，力求全面、客观、准确地反映我国的自然资源科技创新能力，为综合评价自然资源对创新型强国建设进程的推动作用，完善自然资源科技创新政策提供技术支撑和咨询服务。

三、自然资源科技创新指数指标体系构建

1. 指标选取遵循原则

1）权威性

数据来源应具有权威性。基本数据必须来源于公认的国家官方统计和调查，通过正规渠道定期搜集，确保基本数据的准确性、持续性和及时性。

2）客观性

评价思路应体现自然资源可持续发展思想，不仅要考虑自然资源创新整体发展环境，还要考虑经济发展、知识成果的可持续性指标，兼顾时间趋势。

3）科学性

评价与预测分析应面对主要领域或行业当前的实际情况，选取的评价指标具有科学性，在应用过程中能够体现实用性和可扩展性。自然资源科技创新评价选取的每一项指标都能体现科学性和客观性思想，尽可能减少人为合成指标，各指标均有独特的宏观表征意义，定义相对宽泛，并非对应唯一狭义数据，便于指标体系的扩展和调整。

4）先进性

评价体系应兼顾我国自然资源区域特点。选取指标以相对指标为主，兼顾不同区域在自然资源创新资源产出效率、创新活动规模和创新领域广度上的不同特点。

纵向分析与横向比较相结合，既有纵向的历史发展轨迹回顾分析，又有横向的各区域和领域内的比较分析。

2. 指标体系构建

自然资源科技创新是国家创新体系的重要组成部分，是创新型国家建设的主要支柱之一。创新型国家主要表现为：整个社会对创新活动的投入较高，重要产业的国际技术竞争力较强，投入产出的绩效较高，科技进步与技术创新在产业发展和国家的财富增长中起重要作用。创新型国家的判断依据经济增长是主要依靠要素（传统的资源消耗和资本）投入来驱动，还是主要依靠以知识创造、传播和应用为标志的创新活动来驱动。

自然资源科技创新体系既要为创新型国家服务，又要具备自然资源特性，其科技投入和产出是评价依据，因此，自然资源科技创新发展需要具备 4 个方面的能力：①较高的创新资源综合投入能力；②较高的知识创造与扩散应用能力；③较高的创新绩效影响表现能力；④良好的创新环境。因此，从这 4 个方面的能力出发，结合对于自然资源科技创新水平评价的全面性和代表性，以及数据的可获得性，选取能够表征自然资源创新资源、创新环境、创新绩效和知识创造的 20 个重要指标构建自然资源科技创新指数指标体系，见附表 1-1。

附表 1-1 自然资源科技创新指数指标体系

综合指数	分指数	指标	
自然资源科技创新指数（A）	创新资源（B_1）	1. 研究与发展经费投入强度	C_1
		2. 研究与发展人力投入强度	C_2
		3. R&D 人员中博士和硕士学历人员占比	C_3
		4. 科技人力资源扩展能力	C_4
		5. 科技活动经费支出	C_5
	创新环境（B_2）	6. 科学仪器设备占资产的比例	C_6
		7. R&D 经费中企业资金的占比	C_7
		8. 自然资源领域科研机构规模	C_8
		9. 自然资源系统 R&D 人员数量	C_9
		10. 高水平科研平台数量	C_{10}
		11. 机构管理水平	C_{11}
	创新绩效（B_3）	12. 有效发明专利产出效率	C_{12}
		13. 科技成果转化收入	C_{13}
		14. 科技成果转化效率	C_{14}
		15. 技术市场成交额	C_{15}
	知识创造（B_4）	16. 专利申请量	C_{16}
		17. 发明专利授权量	C_{17}
		18. 本年科技著作出版量	C_{18}
		19. 科技论文发表量	C_{19}
		20. 软件著作权量	C_{20}

1）创新资源：反映自然资源科技创新活动的投入力度、创新型人才资源供给能力及创新所依赖的基础设施投入水平。科技创新投入是国家自然资源科技创新活动的必要条件，包括科技资金投入和人才资源投入等。

2）创新环境：反映自然资源科技创新活动所依赖的外部环境，主要包括制度创新和环境创新。其中，制度创新的主体是政府等相关部门，主要体现在政府对创新的政策支持、对创新的资金支持和知识产权管理等方面；环境创新主要是指创新的配置能力、创新基础设施、创新基础经济水平、创新金融及文化环境等。

3）创新绩效：反映开展自然资源科技创新活动所产生的效果和影响，从国家自然资源科技创新的效率和效果两个方面选取指标。

4）知识创造：反映自然资源科研产出能力和知识传播能力。自然资源知识创造的形式多种多样，产生的效益也是多方面的，主要从自然资源发明专利、科技著作和科技论文等角度考虑自然资源科技创新的知识积累效益。

附录二　自然资源科技创新指数指标解释

C_1. 研究与发展经费投入强度

自然资源领域科研机构的 R&D 经费占国内生产总值的比例，反映一个国家或地区自然资源科技创新资金投入强度。

C_2. 研究与发展人力投入强度

自然资源领域每万名就业人员中 R&D 人员数量，反映一个国家或地区自然资源科技创新人力资源的投入强度。

C_3. R&D 人员中博士和硕士学历人员占比

自然资源领域科研机构内 R&D 人员中博士和硕士学历人员占比，反映一个国家或地区自然资源科技活动的顶尖人才力量。

C_4. 科技人力资源扩展能力

自然资源领域科研机构内新增人员中应届高校毕业生数量，反映一个国家或地区自然资源领域接收应届毕业生的科技人力资源扩展能力。

C_5. 科技活动经费支出

自然资源领域科研机构内进行 R&D 活动而实际发生的全部支出，包括人员工资、劳务费、其他日常支出、仪器设备购置费、土地使用和建造费等，反映一个国家或地区为进行自然资源科技活动所能提供的资金资源。

C_6. 科学仪器设备占资产的比例

自然资源领域科研机构内科学仪器设备占资产的比例，反映一个国家或地区自然资源科技活动所需的硬件设备条件，在一定程度上反映自然资源科技创新的硬环境。

C_7. R&D 经费中企业资金的占比

自然资源领域科研机构 R&D 经费中企业资金所占比例，反映企业投资对自然资源科技创新的促进作用，一定程度上反映自然资源科技创新所处的制度环境。

C_8. 自然资源领域科研机构规模

自然资源领域科研机构的数量，总量指标反映一个国家或地区自然资源科技创新的硬环境与制度环境。

C_9. 自然资源系统 R&D 人员数量

自然资源领域科研机构 R&D 人员数量，反映自然资源科技创新人力资源的绝对投入强度。

C_{10}. 高水平科研平台数量

自然资源领域国家重点实验室数量和国家工程技术研究中心数量之和，总量指标反映一个国家或地区自然资源科技创新的高水平硬环境。

C_{11}. 机构管理水平

区域内自然资源领域研究机构在科技成果转化过程中所采取的积极做法与遇到的问题，反映该区域自然资源领域研究机构的管理水平。其中，采取的积极做法包括：①成立专门的孵化公司，选择有良好市场前景的专利进行产业化推广；②鼓励本机构内职工利用科技成果创业，并给予各类支持；③委托外部知识产权服务机构推进专利转移和产业化；④积极参与有关技术展会或交易会，帮助联系技术交易平台；⑤鼓励科研人员就科技成果与企业联系。遇到的问题包括：①人才对外交流造成专利或有关知识产权流失；②专利被外部公司低价收购；③申请专利前以发表论文等形式公开科技成果导致无法获得专利保护；④人员离职后自行将技术出售或应用；⑤预期具有市场前景的专利仍然处于闲置状态；⑥不具备专利保护但具有较好市场前景的科技成果无法转化；⑦发明人对于推动转化积极性不高。

C_{12}. 有效发明专利产出效率

自然资源领域 R&D 人员平均拥有的有效发明专利量，反映一个国家或地区有效发明专利的产出效率。

C_{13}. 科技成果转化收入

自然资源领域科技成果转化收入，总量指标反映科技成果的收益成效。

C_{14}. 科技成果转化效率

自然资源领域成果转化与扩散的专职工作人员平均科技成果转化收入，反映自然资源科技成果转化效率。

C_{15}. 技术市场成交额

自然资源领域登记合同成交总额中明确规定属于技术交易的金额，总量指标反映一个国家或地区的技术创新效益。

C_{16}. 专利申请量

自然资源领域研究机构在报告年度向国内外知识产权行政部门提出专利申请并被受理的件数，从绝对量水平反映一个国家或地区自然资源科技创新活力。

C_{17}. 发明专利授权量

自然资源领域 R&D 人员的国内发明专利授权量，反映一个国家或地区的自然资源自主创新与技术创新能力。

C_{18}. 本年科技著作出版量

自然资源领域科研机构内的科技人员为第一作者、经过正式出版部门编印出版的科技专著、高校教科书、科普著作，反映一个国家或地区自然资源科学研究的产出能力。

$C_{19}.$ 科技论文发表量

自然资源领域科研人员发表的科技论文量，反映自然资源科学研究的产出效率。

$C_{20}.$ 软件著作权量

自然资源领域科研机构向国家版权局提出登记申请并被受理登记的软件著作权量，反映一个国家或地区自然资源领域信息技术开发与创新能力。

附录三　自然资源科技创新指数的评价方法

一、自然资源科技创新指数指标体系说明

自然资源科技创新指数由创新资源、创新环境、创新绩效和知识创造 4 个分指数构成。

二、原始数据归一化处理

对 2019 年 20 个指标的原始值分别进行归一化处理。归一化处理是为了消除多指标综合评价中计量单位的差异和指标数值的数量级、相对数形式的差别，解决数据指标的可比性问题，使各指标处于同一数量级，便于进行综合对比分析。

指标数据处理采用直线型归一化方法，即：

$$c_{ij} = \frac{y_{ij} - \min y_{ij}}{\max y_{ij} - \min y_{ij}}$$

式中，$i=1 \sim 31$，为我国 31 个省（区、市）序列号；$j=1 \sim 20$，为指标序列号；y_{ij} 表示各项指标的原始数据值；c_{ij} 表示各项指标归一化处理后的值。

三、区域自然资源科技创新分指数的计算

区域创新资源分指数得分为

$$B_1 = 100 \times \sum_{j=1}^{5} \phi_i c_{ij}$$

区域创新环境分指数得分为

$$B_2 = 100 \times \sum_{j=6}^{11} \phi_i c_{ij}$$

区域创新绩效分指数得分为

$$B_3 = 100 \times \sum_{j=12}^{15} \phi_i c_{ij}$$

区域知识创造分指数得分为

$$B_4 = 100 \times \sum_{j=16}^{20} \phi_i c_{ij}$$

式中，$i=1 \sim 31$，$j=1 \sim 20$；ϕ_i 为权重；B_1、B_2、B_3、B_4 依次代表区域创新资源分指数、创新环境分指数、创新绩效分指数和知识创造分指数的得分。

四、区域自然资源科技创新指数的计算

采用如下公式测算区域自然资源科技创新指数得分：

$$A = \sum_{k=1}^{4} \omega_k B_k$$

式中，A 为区域自然资源科技创新指数得分；ω 为权重；$k=1 \sim 4$，代表 4 个分指数。

附录四 国内外相关创新指数研究报告介绍

一、国外报告

当前，国外创新能力评价相关的具有广泛影响力的权威报告主要有《全球竞争力报告》（Global Competitiveness Report，GCR）、《世界竞争力年鉴》（World Competitiveness Yearbook，WCY）、《全球创新指数》和《欧盟创新记分牌》，这些报告都是基于评价指标体系对全球经济体的经济竞争力及创新实力进行比较和排名。

《全球竞争力报告》由世界经济论坛（World Economic Forum，WEF）发布，从 1979 年开始对全世界处于不同发展阶段的 100 多个国家和地区进行竞争力评价，并每年发布一期报告。2020 年 12 月 16 日，世界经济论坛发布《2020 全球竞争力报告》。报告暂停了长期以来的全球竞争力指数排名，专门阐述复苏和复兴的优先事项，评估了哪些国家为复苏和未来经济转型做了最充分准备，并提出了四个促进经济振兴和转型的行动领域：有利环境、人力资本、市场机制和创新生态系统。报告显示，中国在创造充满活力的商业环境方面准备较为充分，并且在反垄断框架和促进多样性两个领域名列前三，但报告指出，中国必须在提高公共机构的质量和愿景、改善基础设施、加速能源转型方面做出更多努力。

《世界竞争力年鉴》由瑞士洛桑国际管理发展学院（IMD）发布，从 1989 年开始对世界 60 多个国家和地区进行评价，并每年定期发布报告。评价指标体系包括经济表现、政府效率、企业效率和基础设施等 4 项二级指标和 300 余项基础指标。《世界竞争力年鉴》侧重于评价经济体的综合竞争能力，与创新相关的指标集中体现在"基础设施"下的"技术基础设施"和"科学基础设施"两个方面。与 2019 年相比，中国在综合排名及单项排名中均出现排名下降的情况。其中，综合排名由第 14 降至第 20；4 个单项中，经济表现由第 2 滑至第 7；政府效率由第 35 降至第 37；企业效率由第 15 降至第 18；基础设施由第 16 降至第 22。

《全球创新指数》由世界知识产权组织（WIPO）、康奈尔大学（Cornell University）和英士国际商学院（INSEAD）联合发布。自 2007 年开始每年发布一次，对世界 100 多个国家和地区进行创新评价，评价指标体系包括创新投入和创新产出 2 项二级指标，以及体制机制、人力资本与研究、基础设施、市场成熟度、商业成熟度、知识和技术产出、创意产出 7 项三级指标和 80 余项基础指标。《全球创新指数》侧重于评价经济体的整体创新能力，其评价指标体系基本上都与创新相关。2021 年的《全球创新指数》报告显示，在全球参与排名的 129 个经济体中，中国从 2013 年的第 35 位快速提升到 2021 年的第 12 位，8 年时间前进了 23 位。

《欧盟创新记分牌》由欧盟委员会创立并发布。自 1991 年开始每年发布一次，在 2011～2015 年报告名称更改为《创新联盟记分牌》，2016 又恢复为《欧盟创新记分牌》。该报告以分析欧盟成员国的创新绩效为主，瑞士、冰岛、挪威、塞尔维亚、北马其顿、土耳其、以色列、乌克兰等欧洲的非欧盟国家和几个邻国也是评价对象，其还将欧盟与世界主要创新强国和金砖国家进行比较。《欧盟创新记分牌》的评价指标框架包括 3 个一级指标、8 个二级指标和 25 个三级指标。囿于数据的可获性，《欧盟创新记分牌》完整的评价指标体系仅面向欧洲国家，对其他国家只采用了简化的指标体系。在全球范围进行比照，欧盟的创新绩效领先于美国、中国、巴西、俄罗斯、南非和印度，而与韩国、加拿大、澳大利亚和日本的创新绩效有差距，在 2012～2019 年，欧盟相对美国、中国、巴西、俄罗斯和南非的创新绩效领先优势在缩小。从 2012 年到 2019 年，中国的创新绩效增长率是欧盟的 5 倍，预测显示，中国将进一步缩小这一差距，如果目前的趋势继续下去，中国的创新绩效有可能超过美国。

二、国内报告

中国创新指数（China Innovation Index，CII）由国家统计局社会科技和文化产业统计司"中国创新指数研究"课题组研究设计，并对中国创新指数及 4 个分指数进行了初步测算。监测评价指标分成 3 个层次：第一层次是创新总指数，反映我国创新发展总体情况；第二层次反映创新环境、创新投入、创新产出和创新成效等 4 个分领域的发展情况；第三个层次包含 21 个评价指标，反映各方面的具体发展情况。最新一期报告显示，2019 年中国创新指数达到 228.3，比 2018 年增长 7.8%，延续较快增长态势。2019 年中国创新环境明显优化，创新投入稳步提高，创新产出大幅提升，创新成效进一步显现，创新发展新动能不断增强。

国家创新指数（National Innovation Index，NII）由中国科学技术发展战略研究院设计，构建了创新型国家评价指标体系，来监测和评价创新型国家建设进程，包括创新资源、知识创造、企业创新、创新绩效和创新环境等，主要用于评价世界主要国家的创新能力，揭示我国创新能力变化的特点和差距。自 2011 年起，每年发布"国家创新指数系列报告"。最新一期报告《国家创新指数报告 2019》于 2020 年 4 月出版。报告显示，在全球竞争背景下，中国国家创新指数国际排名上升至第 15 位，指数得分继续增长，与先进国家的差距正在缩小。

中国区域创新指数最新一期报告《中国区域创新指数报告（2019）》于 2020 年 3 月 31 日发布，由四川省社会科学院、中国科学院成都文献情报中心共同完成，从创新环境、创新投入和创新产出 3 个维度建立中国区域创新评价指标体系。《中国区域创新指数报告（2019）》是全国首个以地级及副省级城市为评价单元的创新指数报告。2019 年以"大变局中的区域创新共同体"为主题，通过对五年数据的纵贯分析，认为我国区域创新"多元一体"联动大格局正在形成，呈现激活"多元"，活力迸进；形塑"一体"，利益共襄；跨越"边界"，创新无疆的三大结构特征。该报告认为，我国区域创新"多元一体"的创新生命"共同体"正在形成；互补、互促、互嵌的良性竞争与合作的发展格局正在形成；中国特色社会主义制度优越性与创新的天然活跃属性之间相得益彰、相互成全的良性格局正在形塑；跨越边界、创新无疆的创新元发展机遇正在到来。

《国家海洋创新指数报告》（National Marine Innovation Index，NMII）由自然资源部第一海洋研究所组织编写。自 2006 年开展海洋创新指标研究工作，并于 2013 年正式启动国家海洋创新指数研究工作。自 2015 年开始每年出版中英文版报告。最新一期报告《国家海洋创新指数报告 2020》于 2021 年 3 月出版，由自然资源部第一海洋研究所、国家海洋信息中心、中国科学院兰州文献情报中心和青岛海洋科学与技术试点国家实验室共同完成。报告指出，国家海洋创新指数显著上升，海洋创新能力大幅提高。

除此之外，中国人民大学也发布了中国创新指数研究报告，直接为政府、企业和社会及学术研究服务。一些省（市）则通过结合自身的发展特征构建了省级或城市层面的创新指数指标体系，用以衡量和评价本区域的创新发展水平和创新能力，如杭州创新指数、济南创新型城市建设综合评价体系、陕西创新指数等。

编 制 说 明

为响应国家创新战略，服务国家创新体系建设，自然资源科技创新研究课题组在夯实国家海洋创新指数研究的基础上，于 2019 年正式启动自然资源科技创新指数的研究工作。《自然资源科技创新指数试评估报告 2021》是系列报告的第 2 本，现将有关情况说明如下。

一、需求分析

创新驱动发展已经成为我国的国家发展战略，《中共中央关于全面深化改革若干重大问题的决定》明确提出，要"建设国家创新体系"。自然资源领域科技创新是建设创新型国家的关键领域，也是国家创新体系的重要组成部分。自然资源领域科技创新取得突破，将对我国特色创新型国家建设和提升国际竞争力具有深远意义。开展自然资源科技创新发展评价，评估我国自然资源科技创新能力，探索自然资源科技创新重点领域与突破方向，预测未来发展趋势，对自然资源统筹管理与可持续发展具有重要指示意义，具体表现在以下四个方面。

（一）全面摸清我国自然资源科技创新家底的迫切需要

我国经济社会进入高质量发展新时代，科技创新正加速发展，深度融合、广泛渗透到各个方面。保护绿水青山、保障自然资源可持续利用、实现自然资源治理体系和治理能力现代化均离不开科技创新的有力支撑，全面摸清我国自然资源科技创新家底，是客观分析我国自然资源科技创新能力的基础。

（二）深入把握我国自然资源科技创新发展趋势的客观需求

自然资源科技创新评价是深入把握我国自然资源科技创新发展趋势的客观需求，也是突破我国自然资源科技创新瓶颈、认清发展路径与方式的必要前提，更是增强落实国家关于科技体制改革的一系列政策措施的坚定性、自觉性和自信心的重要保障。

（三）准确测算我国自然资源科技创新重要指标的实际需要

《自然资源科技创新发展规划纲要》（以下简称《规划纲要》）指出，要以创新为第一动力、以人才为第一资源，以服务经济高质量发展、推进生态文明建设和满足人民美好生活向往为目标，坚持科技创新和制度创新"双轮驱动"，加快构建现代化自然资源科技创新体系，全面提升自然资源科技创新能力和水平，为自然资源事业发展提供科技支撑。《规划纲要》对自然资源科技创新各领域提出新的发展目标，针对目标需要，开展重要指标的测算和预测研究，切实反映我国自然资源科技创新的质量和效率，为我国自然资源科技创新发展政策制定提供系列指标支撑。

（四）全面了解国际自然资源创新发展态势的现实需要

从自然资源领域相关机构、投入产出等方面分析国际科技创新在各领域研究层面上的发展态势，全面分析国际自然资源领域科学与技术研发层面上的发展态势，为我国自然资源科技创新发展提供参考，有助于全力提升我国自然资源科技创新的能力和水平，加快实现我国自然资源治理现代化。

二、编制依据

（一）十九大报告

党的十九大报告明确提出"加快建设创新型国家"，并指出"创新是引领发展的第一动力，是建设现代化经济体系的战略支撑。要瞄准世界科技前沿，强化基础研究""加强国家创新体系建设，强化战略科技力量""坚持陆海统筹，加快建设海洋强国"。

（二）十八届五中全会报告

十八届五中全会报告指出"必须把创新摆在国家发展全局的核心位置，不断推进理论创新、制度创新、科技创新、文化创新等各方面创新，让创新贯穿党和国家一切工作，让创新在全社会蔚然成风"。

（三）《国家创新驱动发展战略纲要》

中共中央、国务院 2016 年 5 月印发的《国家创新驱动发展战略纲要》指出"党的十八大提出实施创新驱动发展战略，强调科技创新是提高社会生产力和综合国力的战略支撑，必须摆在国家发展全局的核心位置。这是中央在新的发展阶段确立的立足全局、面向全球、聚焦关键、带动整体的国家重大发展战略"。

（四）《中华人民共和国国民经济和社会发展第十三个五年规划纲要》

《中华人民共和国国民经济和社会发展第十三个五年规划纲要》提出了创新驱动主要指标，强化科技创新引领作用，并指出"把发展基点放在创新上，以科技创新为核心，以人才发展为支撑，推动科技创新与大众创业、万众创新有机结合，塑造更多依靠创新驱动、更多发挥先发优势的引领型发展"。

（五）《推动共建丝绸之路经济带和 21 世纪海上丝绸之路的愿景与行动》

《推动共建丝绸之路经济带和 21 世纪海上丝绸之路的愿景与行动》提出了"创新开放型经济体制机制，加大科技创新力度，形成参与和引领国际合作竞争新优势，成为'一带一路'特别是 21 世纪海上丝绸之路建设的排头兵和主力军"的发展思路。

（六）《中共中央关于全面深化改革若干重大问题的决定》

《中共中央关于全面深化改革若干重大问题的决定》明确提出要"建设国家创新体系"。

（七）《"十三五"国家科技创新规划》

《"十三五"国家科技创新规划》提出"'十三五'时期是全面建成小康社会和进入创新型国家行列的决胜阶段，是深入实施创新驱动发展战略、全面深化科技体制改革的关键时期，必须认真贯彻落实党中央、国务院决策部署，面向全球、立足全局，深刻认识并准确把握经济发展新常态的新要求和国内外科技创新的新趋势，系统谋划创新发展新路径，以科技创新为引领开拓发展新境界，加速迈进创新型国家行列，加快建设世界科技强国"。该规划提出，到 2020 年，我国国家综合创新能力世界排名要从目前的第 18 位提升到第 15 位；科技进步贡献率要从目前的 55.3% 提高到 60%；研发投入强度要从目前的 2.1% 提高到 2.5%。

（八）《国家中长期科学和技术发展规划纲要（2006—2020 年）》

《国家中长期科学和技术发展规划纲要（2006—2020 年）》提出"把提高自主创新能力作为调整经济结构、转变增长方式、提高国家竞争力的中心环节，把建设创新型国家作为面向未来的重大战略选择"，并指出科技工作的指导方针是"自主创新，重点跨越，支撑发展，引领未来"，强调要"全面推进中国特色国家创新体系建设，大幅度提高国家自主创新能力"。

（九）《自然资源科技创新发展规划纲要》

《自然资源科技创新发展规划纲要》聚焦国家创新驱动发展战略和自然资源改革发展重大需求，指出"全面深化自然资源科技体制改革，不断提升自然资源科技创新能力，优化集聚自然资源科技创新资源""加快构建现代化自然资源科技创新体系"。

（十）《中共自然资源部党组关于深化科技体制改革提升科技创新效能的实施意见》

《中共自然资源部党组关于深化科技体制改革提升科技创新效能的实施意见》就深化科技体制改革、进一步提升科技创新效能提出了"重塑科技创新格局"的重要意见，包括确立面向 2030 年的自然资源创新战略、构建重大科技创新攻关体制和促进科技创新成果转化应用等三大方面，明确部所属研发单位自身科技创新优势和定位，要求"中央级科研院所特别应发挥骨干作用，建立有利于激发创新活力、提升科技创新竞争力的体制机制和研发格局，促进研发成果有力支撑自然资源治理能力现代化，提升科学决策水平，前沿创新能力进入世界同类科研机构前列"。

（十一）习近平总书记在两院院士大会中国科学技术协会第十次全国代表大会上的重要讲话

2021 年习近平总书记在两院院士大会中国科学技术协会第十次全国代表大会上强调，要坚持把科技自立自强作为国家发展的战略支撑，把握大势、抢占先机，直面问题、迎难而上，完善国家创新体系，加快建设科技强国，实现高水平科技自立自强。

（十二）习近平总书记在科学家座谈会上的重要讲话

习近平总书记在科学家座谈会上提出，我国"十四五"时期以及更长时期的发展对加快科技创新提出了更为迫切的要求。加快科技创新是推动高质量发展的需要。建设现代化经济体系，推动质量变革、效率变革、动力变革，都需要强大的科技支撑。

三、数据来源

数据来自：①《中国统计年鉴》；②《中国海洋统计年鉴》；③中国科技统计数据；④中国科学引文数据库（Chinese Science Citation Database，CSCD）；⑤科学引文索引扩展版数据库（Science Citation Index Expanded，SCIE）；⑥德温特专利索引数据库（Derwent Innovation Index，DII）；⑦其他公开出版物。

四、编制过程

《自然资源科技创新指数试评估报告 2021》编制过程分为前期准备阶段、数据测算与报告编制阶段、征求意见与修改完善阶段等 3 个阶段，具体如下。

（一）前期准备阶段

收集数据。2020 年 12 月 25 日，在自然资源部科技发展司、部信息中心和国家海洋信息中心的支持下，顺利获得科研机构科技创新数据、科技成果登记数据。同时，收集《中国统计年鉴》、《中国海洋统计年鉴》、中国科技统计数据、中国科学引文数据库（CSCD）、科学引文索引扩展版数据库（SCIE）、德温特专利索引数据库（DII）等相关数据。

形成基本思路。2020 年 12 月 26 日，课题组内部召开指数报告编写研讨会，针对研究思路、指标体系、数据来源和工作方案等方面进行研讨，并在《自然资源科技创新指数试评估报告 2019～2020》前期工作基础上，形成基本研究思路和《自然资源科技创新指数试评估报告 2021》的编制思路。

编制报告大纲。2021 年 1 月 4 日，课题组讨论了自然资源科技创新评价工作方案，针对自然资源领域科技统计数据梳理了科技统计制度改变带来的数据变化，并确定下一步数据处理方案。同时，就 2021 年工作方案和报告的编制大纲进行了讨论与工作安排。

组建报告编写组与指标测算组。2021 年 1 月，在自然资源部科技发展司和科技创新领域专家的指导下，在国家海洋创新指数编写组基础上，组建《自然资源科技创新指数试评估报告 2021》编写组与指标测算组。

（二）数据测算与报告编制阶段

数据整合与指标构建解析。2021 年 1～2 月，对自然资源领域科技创新数据及《中国统计年鉴》、《中国海洋统计年鉴》、中国科技统计数据、中国科学引文数据库（CSCD）、科学引文索引扩展版数据库（SCIE）、德温特专利索引数据库（DII）等相关创新数据等进行数据整合，同时根据数据质量构建指标体系并进行解析。

数据测算。2021 年 2 月 20 日至 3 月 1 日，测算我国区域自然资源科技创新指数，并选取排名前二十的区域进行分析。

补充部分数据并进行第一轮复核。2021 年 3 月 5 日至 4 月 1 日，组织测算组进行数据第一轮复核，重点检查补充数据、数据处理过程与图表。

报告文本初稿编写。2021 年 3 月 5 日至 4 月 18 日，根据数据分析结果和指数测算结果，完成报告第一稿的编写。

数据第二轮复核。2021 年 4 月 19～30 日，组织测算组进行数据第二轮复核，按照逆向复核的方式，根据文本内容依次检查图表、数据处理过程、数据来源。

报告文本第二稿修改。2021 年 5 月 1～31 日，根据数据复核结果和指标测算结果，修改报告初稿，形成征求意见文本第二稿。

数据第三轮复核。2021 年 6 月 1 日至 7 月 20 日，采用全样本数据，组织测算组进行数据第三轮复核，按照 2018 年和 2019 年两年数据变化的方式，测算国家自然资源科技创新指数变化，并根据 2019 年数据测算区域自然资源科技创新指数。同时，根据文本内容依次检查图表、数据处理过程、数据来源。

报告文本第三稿修改。2021 年 7 月 21 日至 8 月 24 日，根据数据复核结果和指标测算结果，修改报告第二稿，形成征求意见文本第三稿。

（三）征求意见与修改完善阶段

数据及测算过程第四轮复核和报告文本修改。2021 年 8 月 25 日至 9 月 20 日，组织测算组进行数据复核和增加的专题数据测算复核，并组织编写组修改报告文本，形成第四稿。

报告文本校对。2021 年 9 月 20～27 日，编写组成员按照章节对报告文本进行校对，根据各成员意见与建议修改完善文本。

报告文本第五稿完善。2021 年 9 月 28 日至 10 月 7 日，征求相关专家学者意见并修改报告文本，并形成报告文本第五稿。

根据专家咨询意见修改。2021 年 10 月 9 日，召开专家咨询会议，向专家汇报并征求专家意见。

报告文本第六稿完善。2021 年 10 月 9 日至 11 月 8 日，课题组根据专家意见修改完善文本。

出版社预审。2021 年 11 月，向科学出版社编辑部提交文本电子版进行预审。

更 新 说 明

一、优化了指标体系

（1）优化了创新资源分指数的指标，将"固定资产占比"指标更新为"科技活动经费支出"指标。

（2）优化了创新环境分指数的指标，增加了"机构管理水平"这一指标，反映了自然资源领域研究机构的管理水平；删减了"R&D 经费区域占比"指标，"自然资源领域 R&D 人员占区域 R&D 人员的比例"更新为"自然资源系统 R&D 人员数量"，增加了指标体系中总量指标的设定。

（3）优化了知识创造分指数中的指标，增加绝对量指标比例，将"百万 R&D 经费的专利申请量"指标更新为绝对量指标"专利申请量"，"万名 R&D 人员的发明专利授权量"修改更新为"发明专利授权量"，"万名科研人员的科技论文发表量"更新为"科技论文发表量"。

二、增减了部分章节和内容

（1）新增了"第四章 自然资源科技创新对我国科技创新的贡献"、"第九章 我国沿海地区自然资源科技创新评价分析"和"第十章 美国自然资源管理政策导向及战略计划调整分析"。

（2）删减了《自然资源科技创新指数试评估报告 2019～2020》中的"第九章 我国海洋科技创新评价专题分析"。